Camilla.

Das Bild.

Trauerspiel in fünf Akten

von

Ernst von Houwald.

Mit einem Titelkupfer.

Leipzig
bei Georg Joachim Göschen 1821.

Dem Durchlauchtigsten

Prinzen und Herrn

Herrn

Friedrich August

Herzog zu Sachsen rc.

ehrfurchtsvoll zugeeignet.

Durchlauchtigster Prinz!

Als ich zuerst in Dresden mein Bild in Thaliens Tempel aufzuhängen wagte, und manche stille Besorgniß über den Erfolg seiner öffentlichen Ausstellung mich bewegte, da beruhigte Ew. Königlichen Hoheit Urtheil mich zuerst, denn Sie hatten mein Bild allein auf Ihrem Zimmer betrachtet, ehe es das Volk sah, und es früher Ihres Beifalls gewürdigt. Und als ich endlich selbst vor jener Bühne stand, und mein Werk dort Leben empfangen und sich gestalten sah, da durfte ich auch Ihnen mich nahen, und aus Ihrem eignen Munde das nun wirklich vernehmen, dessen Mittheilung mich früher schon ermuthigt und erhoben hatte. — Wie sollte ich nicht jetzt, wo mein Bild von der Bühne herab in die Welt tritt, es Ew. Königl. Hoheit zu widmen freudig wagen wollen? Ihr Auge hat mit Theilnahme darauf geruht, ehe es noch irgend einen Freund hatte; Ihre Hand wird es jetzt mild aufnehmen, wo es wie ein Pilger hinauswandert, um sich seine Heimath zu suchen; Ihr Herz wird sicher nicht verkennen, daß diese Zueignung nur das reinste Opfer der Liebe und Verehrung ist.

Ew. Königl. Hoheit

Sellendorf in der Niederlausitz,
den 6. Dec. 1820.

unterthänigst gehorsamster

Ernst von Houwald.

Das Bild.

Ein Trauerspiel in fünf Akten.

Personen.

Marchese di Sorrento, jetzt unter dem Namen: Burg.

Camilla, verwittwete Gräfin vom Nord, seine Tochter.

Leonhard, ihr Sohn, 16 Jahr.

Gotthardt Graf vom Nord, sein Oheim, deutscher Ritter.

Julia, Freundin der Gräfin Camilla.

Meister Spinarosa, ein Mahler.

Der Kastellan des Schlosses.

Ein Bothe aus Italien.

Ein Bedienter des Marchese.

Bediente des Grafen.

Der Schauplatz ist auf einem Schlosse des Grafen Gotthardt vom Nord in der Schweiz. Die Handlung fällt gegen das Jahr 1707.

Erster Aufzug.

Erster Auftritt.

Ein großes Vorzimmer; antik, doch prächtig meublirt.
Der Kastellan. Ein Bedienter trägt Reise-Gepäck über die Bühne, ein **zweiter** öffnet ihm die Thüren.

Kastellan.

Lauft! — lauft! und reißt die Thüren
auf und zu,
Als sey das wilde Heer hier eingezogen! —
Wie mir ob diesem Lärm beinah der Mund
Erstaunend offen steht, so sperrt die Burg
Auch ihre lang verschloßnen Thore auf.

Erster Bediente.

Herr Kastellan, in welchem Zimmer wohnen

Die beiden Mahler, welche gestern Abend
Spät aus Italien hier eingetroffen?
Wir wollen ihr Gepäck hinauf besorgen.

Kastellan.

Ist dazu jetzt erst Zeit? Seyd Ihr etwa
Blos für den Tag gemiethet? daß das Licht
Ja nicht der Tugend Eurer Trägheit fehle?
Und jetzo fragt Ihr noch in welchen Zimmern?
Sind denn im Schloß noch viele unbesetzt?
Fort! tragt die Sachen nach den Garten-Stuben.

Der Bediente will mit dem Gepäck abgehen, er ruft ihm nach:

Doch geht hübsch sacht! und weckt die Fremden nicht!
So lang sie schlafen hat man keine Noth.

Erster Bediente ab.

Zweiter Bediente.

Die beiden Mahler sind schon längst im Freien;

Noch graute kaum der Tag, da mußte sie
Der alte Thorwart auf den Felsen führen,
Der hinter unserm Garten sich erhebt;
Sie wollten dort den Sonnen-Aufgang
sehen.

Kastellan.

Sie meinen wohl, sie geh hier anders auf,
Als in Italien, und seltner noch?
Und mahlen schnell ein Bild und schreiben
drunter:
„So ist der Sonnenaufgang in der
Schweiz."
Daß doch der Mensch erst in der Fremde
sucht
Was er zu Hause hundertmal verschlafen!

Bediente.

Sagt nur, wer sind denn eigentlich die
Fremden?

Kastellan.

Die Fremden? — Ja, da fragt Ihr mich
zu viel!

Der alte Herr mit seiner blinden Tochter,
Der vor acht Tagen bei uns eingezogen,
Heißt Burg, das wißt Ihr selbst so gut,
wie ich.

Bediente.

Ich merk' es wohl, Ihr wollt mirs nur
nicht sagen,
Was hielte denn der Graf vor Euch geheim?
Die Zimmer sind ja längst bereit gewesen.

Kastellan.

Das eben ärgert mich, daß ich im Schlosse,
Wo mir seit vierzig Jahr kein Spinnennetz
Verborgen war, jetzt fremde Menschen
sehe. —
Herr Burg! — und geht in Federhut und
Degen, —
Der Graf küßt seiner Tochter selbst die
Hand, —
Sie werden aufgenommen wie die Fürsten;
Die Zimmer, wo vor Zeiten, wie man
sagt,

Einmal der Landvoigt hat gewohnt, sie sind
Für Herren Burg so eingerichtet worden,
Als sollt er Jahre lang bei uns verbleiben.

Zweiter Bediente.

Ja, ja! es steckt ein großer Herr dahinter,
Ich sehs ihm an, er läßt sich gern bedienen.

Kastellan.

Und gestern Abend, als die Mahler kamen,
Ihr wart da nicht zur Hand, das war ein Jubel!
Sogar der Graf umarmte selbst den Jüngsten;
Herr Burg nannt' ihn: mein lieber Sohn! und sprach,
Er wollt' ihn eilig zu der Mutter führen.

Zweiter Bediente.

So ist die blinde Frau wohl seine Mutter?

Kastellan.

Fast glaub' ich es.

Zweiter Bediente.

Nur das begreif ich nicht,
Weshalb der Graf, der hier so viele Jahre
In Einsamkeit gelebt, mit einem male
Die vielen fremden Menschen zu sich zieht?
Und es gefällt mir nicht, Herr Kastellan,
Daß er vor Euch, dem alten, treuen Diener,
Geheimniß hat!

Kastellan.

So? nun auch mir gefällt's
Nicht, mit dem jungen Diener mehr zu schwatzen,
Der naseweis des Grafen Thun beurtheilt:
Packt unverzüglich Euch an Eure Arbeit!
Die Gäste sind schon wach! ich höre kommen! —

Beide ab.

Zweiter Auftritt.

Der Mahler. Leonhard.

Leonhard.

Sieh nur, wie schön die Zimmer sind, wie alles
So groß und prächtig eingerichtet ist.

Mahler.

Es ist ein herrlich Schloß; doch schöner noch
Der Ort, wo es der Bauherr aufgestellt.
Denn neben diesen Felsen, diesen Gletschern,
Steigt es mit seinen Thürmen kühn empor,
Als ob der Mensch in seiner Kraft versucht',
Auch seine Felsen in dies Thal zu stellen.

Leonhard.

Schön ist es hier, doch aber heimisch nicht.
Ich war zwar nur ein Knabe von acht Jahren,
Als ich mit Pietro nach Italien zog,
Allein das Bild der Heimath steht so frisch,

Als wärs erst neu gemahlt, in meiner Seele;
Und dieses Schloß ist meine Heimath nicht.
Im dunkeln Schatten riesenhoher Eichen,
Die ernst, wie treue, grau gewordne Wächter
Daneben stehen, lag das Haus verborgen;
Es hat kein Thor, es hat nicht Thurm noch Zinnen,
Mit niederm Dach, und einer kleinen Pforte,
Steht es so freundlich und bescheiden da.

Mahler.

So hast Du mir es freilich oft geschildert,
Und zu der Hütte, die Dich auferzog,
Zu Deiner blinden Mutter und zu ihrem
Verarmten Vater, sehnten wir uns beide.

Leonhard.

Mir ists als träumt' ich! Hab' ich doch nie anders,
Als nur in schlichter bürgerlicher Tracht
Den Vater meiner Mutter sonst gesehen,
Und von ihm stets gehört: wir wären arm!

Doch hier empfängt er uns in vollem Staat,
Als wie ein Nobile; von seinem Winke
Erwartet man Befehle, selbst der Graf,
Der freundlich ernste Mann, mit schwarzem Kreutze,
Scheint ihm als Herrn des Schlosses zu gehorchen.

Mahler.

Das Glück ist uns voraus geeilt; wir dachten
Es Deiner Heimath wieder zuzuführen,
Jetzt finden wir es schon, es lacht uns aus,
Und so erspart es Dir wohl manche Sorge!

Leonhard.

Geliebter Meister! scheut' ich denn die Sorgen?
Was machte mich zu Deinem fleiß'gen Schüler?
Die Sehnsucht nicht allein, einst so, wie Du
In der Vollendung Sonnenglanz zu strahlen,

Mich aufzuschwingen zu den Idealen,
Auf daß ich sie den Menschen führte zu.
Nein! Liebe zu der armen blinden Mutter,
Zu ihrem Vater, der mit Thränen oft
Von längst vergangnen, bessern Zeiten sprach;
Sie stand bei mir, sie trieb mich an zum Fleiß,
Und was ich nun erlernt, heim wollt' ichs tragen,
Und für die Meinen wuchern mit dem Schatz.

Mahler.

Ich kenne Deinen kindlich frommen Sinn,
Und hab' im Stillen oft mich dran geweidet,
Wie Dein Talent mit Deiner Kindes-Treue
Sich um den Vorrang stritt', wer Dich von beiden
Am schnellsten vorwärts leite in der Kunst.
So bist Du muthig nun den steilen Berg

Hinangestiegen und es ist wohl gut,
Daß Dir das Glück ein freies Wirken schaffen
Und jede Last vom Fittig heben will.

Leonhard.

Von keiner Last wußt' ich, mir war so leicht.
Wie reich wär' ich in jene Hütte nicht,
Wo Armuth wohnte, wieder eingetreten.
Hier aber steh' ich arm! — In diesem Schlosse
Ist mir so bang', ob auch der arme Künstler
Für seine reichen Eltern passen möge.

Mahler.

Mein Leonhard! Du sprichst mir aus der Seele!
Du weißt, ich habe nichts auf dieser Welt,
Als meine Kunst, und acht' ich dies gleich hoch,

So geht mirs doch, wie auf dem Meer dem Schiffer:
Nach Sternenbildern richtet er den Lauf,
Doch aber sehnt er sich nach festem Boden,
Wo er den Anker endlich werfen möge.
Der Geist strebt himmelan, am Arm der Kunst,
Das Herz will ankern auf der Mutter Erde.

Leonhard.

In meinem Busen triffst Du festen Grund.

Mahler.

Mein Sohn! ich meinte oft, ich sey Dein Vater.

Leonhard.

Und bist Du's nicht? Hast Du durch treue Sorge
Nicht theuer Dir das Vaterrecht erkauft?
Hast Du mirs, Deinem Sohne, nicht gelobt,
In meine Heimath mit mir einzuziehen,
Und Vater mir zu seyn fürs ganze Leben?

Mahler.

O! ich gedacht' es auch, Dir treu zu halten!
Dies arme Herz, das früh schon viel verlor,
Das seiner Liebe Heimath nirgends fand,
Bei Dir nur hofft es endlich auszuruhen.
Oft träumt' ich mir den herzlichen Empfang
Der Deinen, sah als Bruder Deine Mutter,
Als Sohn des alten Vaters, mich mit Dir
Gar fröhlich einziehn in das stille Thal.
Durch Dich war ich im Hause schon bekannt;
Die Staffelei sah ich im Geist gestellt,
Und weiten Raum für uns im engen Hüttchen.
Rasch ging es vorwärts auf der Bahn der Kunst;
Nur fern vernahm ich noch des Lebens Sturm,
Mein Schifflein lag im Hafen fest geankert! —
Doch hier hat man mich nun so kalt empfangen,
Du durftest nur allein die Mutter sehn;
Mir wies man höflich meine Zimmer an,
Erst ausruhn sollt ich von der weiten Reise;

Und nur die Sonne, als sie heut die Gletscher
Hinauf stieg, hat mich freundlich hier begrüßt.

Leonhard.

Nicht doch, mein theurer Vater, überall
Wo meine Heimath ist, sey auch die Deine.
Die Mutter sehnt sich innig Dich zu sprechen,
Mit dem sie meine Liebe theilen soll.
Sieh sie nur erst, ist auch der milde Glanz
Des treuen Mutterauges längst verloschen,
Ihr beide werdet Euch doch bald verstehn.

Dritter Auftritt.

Die Vorigen. Der Kastellan.

Kastellan zu Leonhard.

Herr Burg verlangt Euch hier allein zu sprechen,
Und wird alsbald mir folgen.

Mahler.

Ich verstehe! —
Ich will kein überläst'ger Zeuge seyn. —
Geht ab.

Leonhard.

Du sollst mir Rede stehen, alter Mann!
Erzähle mir, wie heißt der Herr des Schlosses?

Kastellan.

Wißt Ihrs noch nicht? nun dann, so wartet drauf,
Bis er Euch selber seinen Namen nennt.

Leonhard.

So sprich doch wenigstens: ist mein Großvater
Dein Herr?

Kastellan.

O nein! Herr Mahler, weit gefehlt;
Dergleichen große Bau'n und Schlösser haben

Vornehmere Besitzer, als Herrn Burg;
Und daß Ihr glauben könnt, er sey mein
Herr,
Ist meine Schuld nicht, liegt nur in der
Weise,
Mit der sich heut zu Tag die Gäste nehmen.

Leonhard.

Sey mir nicht böse, alter guter Mann,
Zu Deinen silbergrauen Locken und
Zu diesen Falten, die auf Stirn und
Wangen
Sich leise hingestellt als treue Zeugen,
Daß Du der Sorge oft zu Deinem Herrn
Den Weg vertratest, — nein! zu diesen
Zeugen
Paßt nicht der Hohn, der mich abweisen
will.

Kastellan.

Es scheint, Ihr habt die Klugheit früh
gefunden,
Als Knabe schon die Welt genau geprüft,

Daß die geheime Schrift im Menschen-
antlitz
Euch lesbar ist, da lob' ich Euren Meister.

Leonhard.

Was Du die Welt nennst, liegt mir noch
verborgen,
Doch hat die Kunst mir eine aufgethan:
Da steht der Glaub' und die Erfahrungen
Der alten Meister seit Jahrhunderten
Gesammelt, und da ist mirs klar geworden,
Wie selbst des Herzens innerstes Gefühl,
Wie alle Tugenden und Leidenschaften
Aus der verschwiegnen Brust aufs Antlitz
treten,
Und die Erfahrung, die ich hier gewonnen,
Hinaus nehm' ich sie mit mir in die Welt,
Und find' ich dort nun ähnliche Gestalten,
So kenn' ich sie auch schon; drum guter
Alter
Zieht michs zu Dir, mir ists, als hätt' ich
Dich
Schon bei da Vincis Nachtmahl sitzen sehn.

Kastellan.

Der Judas saß auch an des Herren Tisch. —
Doch habt Ihr unter Euren Bildern wirklich
Ein ähnliches Gesicht, wie meins gefunden,
Und draus gelernt, ein solcher finstrer Kopf
Steh' über einem alten treuen Herzen:
So mögt Ihr Recht behalten! Eure Hand! —

Vierter Auftritt.

Die Vorigen. Der Marchese vornehm gekleidet; indem Letzterer eintritt, geht der Kastellan mit einer Verbeugung ab.

Marchese.

Noch einmal mir willkommen, theurer Enkel!
Komm an dies Vaterherz; was zögerst Du?

Leonhard.

Ich zögre nicht, zu dieser heil'gen Stätte

Sehnt' ich schon lange, lange mich zurück;
Allein kaum hätt' ich wieder sie erkannt.

Marchese.

Nicht wahr, das hat Dir nicht geträumt, daß Dich
Der alte Burg also empfangen werde?
Ja, alles hat ein Zauber hier verwandelt,
Ahnst Du nicht in geheimer Freude, wer wir sind?

Leonhard.

Ich wage nicht zu ahnen, wage nicht
Des neuen Herrlichen mich zu erfreun,
Da mir das alte Theure fehlt. Wie gern
Wollt' ich die bunten Bilder überschlagen,
Fänd' ich nur bald die alte Zeichnung wieder,
Von der in unverlöschlichen Konturen
Ein Abriß tief in meiner Seele steht.

Marchese.

Laß das, mein Sohn; da liegt ein finstrer Nebel

Darüber, jetzo aber scheint die Sonne
Von neuem klar auf unsrer Zukunft Bild.
Ich will Dich schnell aus allem Zweifel heben:
Vor Dir steht der Marchese di Sorrento,
Und grüßt Dich seinen Enkel Graf vom Nord!

Leonhard.

Großvater, scherzt doch nicht! mir wird so bange,
Es ist mir so, als säh' ich euch verkleidet.

Marchese.

Ich scherze nicht! Es ist die Zeit gekommen,
Wo ich Dir das Geheimniß unsers Standes
Enthüllen darf. — Hast Du den alten Pietro
Von einem Grafen Nord nie sprechen hören?

Leonhard.

Wohl! er hat seiner oft gedacht, als eines
Gewaltig kühnen Mannes, der sein Leben

An manches wagt', und für Neapels Freiheit
Zuletzt im Kerker starb.

Marchese.

Er war Dein Vater!

Leonhard.

Mein Vater? Gott! —

Marchese.

Laß mich Dir alles sagen.
Dein Vater Graf vom Nord, genannt von Ringen,
Aus einem alten deutschen Stamme, ward
Der Gatte meiner Tochter. Ungekannt
Hatt' ich schon früh die Jungfrau ihm verlobt.
Sein Vater war mein Jugendfreund, wir hatten
Die frühe Neigung uns durch spätres Handeln
Zu einer festen Freundschaft auferzogen,

Und wünschten, daß auf diesen Felsengrund
Der Kinder Glück in gegenseitger Liebe
Sich eine sichre Heimath bauen möge.
Deshalb verhieß ich einem seiner Söhne,
Den er mir nach Neapel senden würde,
Mein einz'ges Kind zur Gattin. — Deine
Mutter
War wunderschön, ein Muster aller Tugend
Und künftig des Marchese di Sorrento
Allein'ge Erbin; daß selbst Fürsten sich
Um diese Hand bewarben, war kein
Wunder;
Doch ich wies jeden Antrag ernst zurück;
Ich hielt mein Wort und as Dein
Vater kam,
Gab ich das Kleinod treu in seine Hände.
Allein aus seinem rauhen Vaterlnde
Bracht' er ein rauhes ungebändgtes
Gemüth uns mit; er sah das schöne Land,
Jetzt seine Heimath, von der Spanier Joch
So hart bedrückt; er hörte insgeheim
Die Namen Massaniello, — Herzog
Guise –

Als Helden=Namen preisen, und beschloß,
Was sie nicht ausgeführt, ins Werk zu setzen. —
So ward er endlich denn das Haupt der großen
Verschwörung, die zu jener Zeit entstand,
Und deren kühner Plan, wär' er gelungen,
Das span'sche Joch gewiß zerbrochen hätte.
Allein Verrath zerstört' ihn, eh' er reifte. —
Der Vicekönig eilte der Verschwornen
Sich zu bemächtigen; nur durch ein Wunder
Entflohn wir seiner Rache; schwere Strafen
Erlitten unsre Freunde, mein Vermögen
Und meine schönen Güter zog man ein,
Und weil Dein Vater, der Verschwörung Haupt,
Zum Tod verurtheilt worden war, so hing
Man wenigstens von ihm ein treues Bild
In contumaciam am Galgen auf.

Leonhard.

Wie? in Neapel an dem Hochgerichte
Hing meines Vaters Bild? Dort wo ich oft

In stiller Mondnacht mit geheimem Grauen
Vorüber ging, dort hat sein Auge traurig
Auf mich herab geschaut? — O ja! —
ich weiß
Es hingen halbzerrißne Rahmen noch
Am Galgen dort.

Marchese.

In dieser Gallerie
Erlangt kein Meister die Unsterblichkeit;
Der Tod, dem das Original entronnen,
Frißt sich einstweilen satt am Konterfei!
Wir konnten bei der Flucht nur wenig
retten,
Und kauften uns in einem Winkel Deutsch-
lands
Ein kleines, tief verborgnes Eigenthum.
Dort wurdest Du geboren. Doch Dein
Vater,
Er fand nicht Raum in der beschränkten
Lage;
Aufs neue trieb ein Dämon ihn hinaus
Und Rachsucht spornte heimlich den Entschluß,

Das Wagestück noch einmal zu bestehen.
In Mönchsgewand verkleidet, schlich er sich
Noch einmal nach Neapel. Doch das Bild
Am Galgen, von verruchter Hand gemahlt,
Es war zu treu, und wurde sein Verräther.

Leonhard.

Abscheulich! Wer hat so die Kunst entweiht!

Marchese.

Ein andermal davon. Genug Dein Vater
Ward bald erkannt; man warf ihn in den Kerker,
Sein gräßlicher Prozeß begann aufs neue;
Allein der gier'ge Tod ereilte schon
Sein lang' entbehrtes Opfer im Gefängniß. —
Man schafft' ihn still' bei Seit'. — Er starb an Gift!

Leonhard.

Mein armer Vater! Deiner Asche war
Dein Sohn so nahe, und er wußt' es nicht!

Marchese.

Durch unsre Freunde ward mir bald die Kunde.
Ich sucht' es Deiner Mutter zu verbergen,
Denn sie lag damals mit Dir an den Blattern
Darnieder; aber sie erfuhr es doch;
Und ob die frohen Stunden ihrer Ehe
Ihr gleich nur spärlich zugemessen waren,
Doch war sie tief und auf den Tod betrübt,
Und in dem scharf gesalznen Thränenquell
Des Grams verloschen ihre schönen Augen.
So ward durch Deinen Vater nichts als Elend
Uns zugebracht, so ward noch im Exil
Durch ihn das Maas der bittern Leiden voll,
Und eine einz'ge holde Blume nur
Wuchs langsam aus den Trümmern: Du mein Kind!

Leonhard.

War jenes kleine Haus im Eichenschatten
Die Trümmer unsers Glücks? War es das Nest,
Das sich die frohe Schwalb' an des Pallastes
Versunknen stolzen Kapitälern baute?

Marchese.

Dort wurdest Du in Armuth auferzogen,
Und hätte nicht der Bruder Deines Vaters
Den er für seinen Feind mit Unrecht hielt,
Großmüthig in geheim uns unterstützt,
So hätte sich der Mangel mit dem Gram
Gar bald um seine Beute zanken mögen.
Nach vielen Jahren überrascht' uns endlich
Mein alter treuer Pietro aus Neapel.
Er hatte früher mir gedient und war,
Indeß die andern mächt'gern Freunde kaum
An mich zu denken wagten, immer noch
Mir auch im Unglück treu geblieben.
Wir schrieben in geheim uns oft, er wußte

Du seyst acht Jahr, und 'kam Dich abzuholen.
Denn sieh', da ich die Hoffnung nie verlor,
Einst meine Güter wieder zu erlangen,
Wenn Spaniens Uebermuth gebändigt sey,
So wünscht' ich, daß Du unter jenem Himmel,
In jenem Paradies der Erde dort
Erzogen würdest, wo gar süßre Träume,
Als unter Deutschlands düsterm Eichenschatten,
Das warme Herz zu raschern Schlägen treiben.
Die Liebe zu Italien und den Geist
Des Volkes dort gedacht' ich Dir zu geben,
Damit Du mir ein würd'ger Enkel seyst.

Leonhard.

Ich trage aber einen deutschen Namen,
Nord ist ein rauhes, aber kräftges Wort.

Marchese.

Ja leider hat michs eisig angehaucht! —

Genug Du zogest in das schönre Land. —
Wir hatten früh ein herrliches Talent
Zur Mahlerei in Dir erwachen sehn,
Deshalb befahl ich Pietro es zu pflegen,
— Denn Kunst ist auch ein adliches Geschäft —
Und einen tüchtgen Meister Dir zu wählen.

Leonhard.

Er hat es treu erfüllt. Als wir Neapel
Verlassen mußten, um nach Rom zu ziehn,
Bracht' er mich dort zum Meister Spinarosa.
Durch ihn erhielt ich einen Vater wieder,
Was wär' ich ohne diesen seltnen Mann?

Marchese.

Dein dankbar Herz legt erst den Werth hinein,
Und Dir nur rechn' ich es als Tugend an,
Daß Du im Meister auch den Vater siehst;
Allein er hat nur seine Pflicht erfüllt;
Es ist der Meister größter Stolz und Ruhm,
Sich tücht'ge Schüler in der Kunst zu bilden.

Leonhard.

Er aber hat sich einen Sohn erzogen! —
Als Pietro plötzlich starb und seine Kinder
Mich, seinen lästgen Pflegesohn, verwiesen,
Da stand ich ärmer als ein Bettlerkind.
Euch konnt' ich mir zur Hülfe nicht errufen,
Am fremden Ufer war ich ausgesetzt,
Und meiner stillen Thränen Muttersprache
Verstand das Volk in jenem Lande nicht.
Da nahm mein großer Meister Spinarosa,
Mich, den verlaßnen Knaben, liebreich auf.

Marchese.

Wir sind ihm allerdings dafür verpflichtet,
Drum danke Du dem Schicksal, das Dich jetzt
Auf eine Stufe stellt, auf welcher Du
Mit einem mal die Schuld ihm kannst bezahlen.
Mehr, als er fordert, magst Du ihm gewähren.

Leonhard.

Mehr als er fordert? — Doch er fordert nichts.
Großvater, wir verstehn uns beide nicht,
Den Mann, der tief in Eures Enkels Herz
Die Keime aller seiner großen Tugenden
Zu impfen suchte, der mit treuer Sorge
Bei ihnen wachte, daß sie auch erblühten
Im Frühlings-Athem seiner Vaterliebe,
Den Meister, der mich nicht allein den Pinsel
In seine Farbentöpfe tauchen lehrte,
Nein, der in seinen heilgen Weihestunden
Den reinen Spiegel seiner Phantasie,
Mir, wie ein Teleskop, vors Auge hielt,
Daß ich durch ihn die ewigen Gestirne,
Die Ideale näher schauen möge,
Den soll ich nun dafür bezahlen wollen?

Marchese.

Sein Schüler kannst Du doch nicht immer bleiben;

Zu etwas Größerem bist Du geboren,
Und jede Schuld bleibt eine schwere Last.

Leonhard.

Nur diese nicht, denn sie allein begründet
Mein Recht auf ihn. Ihm haben Könige,
Und selbst in Rom der heilge Vater,
So reichen Lohn für seine Kunst gewährt,
Daß er viel mehr besitzt, als er bedarf.
Und Euch wollt' er das reich Ersparte bringen;
Denn Eure Briefe wiederholten ja
Nur neue Schildrung Eurer alten Noth;
Mein Vater wollt er seyn und Euer Sohn!
Und diese Liebe wollt Ihr ihm bezahlen?

Marchese.

Beruh'ge Dich, mein Kind! ich bin nicht mehr
Der arme Burg, der fremder Kraft bedarf.
Seit Oestreichs Banner in Neapel wehn,
Sind die Verwiesenen zurück berufen.
Auch ich erscheine wieder als Marchese,

Und harre täglich auf die Nachricht, daß
Durch meiner Freunde Einfluß mein Vermögen
Mir wiederum zurück gegeben sey.
Deshalb beschied ich Dich hierher, Du solltest,
Eh ich Dich führe in mein Vaterland,
Hier erst den würd'gen Oheim kennen lernen
Und dieses Schloß, Dein künft'ges Eigenthum.

Leonhard.

Wer ist mein Oheim? — Sprecht, wie ist mein Recht
Auf dieses Schloß begründet? — Eure Güter
Sie liegen, denk ich, bei Neapel.

Marchese.

Wohl!
Allein der Ritter, der Dich gestern hier
Empfing, ist Deines Vaters einz'ger Bruder,

Der reiche Gotthardt Graf vom Nord; dies Schloß
Ist Eure Stammburg, und Du bist sein Erbe.
Sieh da, — begrüße Deinen Oheim selbst!

Fünfter Auftritt.

Die Vorigen. Graf vom Nord.

Graf zum Marchese.

Weiß er es schon, wer freudig ihm die Arme
Entgegen breitet?

Marchese.

Ja, er kennt sein Glück.

Graf.

Nun denn so eile, komm an meine Brust!
Mein Sohn! mein Sohn! o laß mich so Dich nennen!

Zum erstenmal sprech ich dies theure Wort,
Zum erstenmal bebt dies verarmte Herz,
Voll von der Ahnung süßer Vaterliebe.
Zwar trägst Du meine Züge nicht, ich suche
In einem solchen Spiegel sie umsonst;
Doch was aus Deinem lieben Antlitz mir
Entgegen lächelt, ist mir noch viel theurer,
Ist des geliebten Bruders Feuergeist,
Und Deiner holden Mutter Engelmilde.

Leonhard.

Mein theurer Oheim! wie verdien' ich denn
So viele Güt' und Liebe?

Graf.

Frage nicht!
Nimm sie als einen Schatz, den Du gefunden,
Von meiner Treue lange Dir bewahrt,
Und freue seiner Dich und sey mein Sohn!

Leonhard.

Wie reich bin ich! wie haben dem Verwaisten
So oft schon Vaterarme sich geöffnet!

Graf.

Gefällt Dirs denn in Deiner Väter Schloß?

Leonhard.

Es ist wohl groß und schön, doch mir ist bange! —
Man eilt durch viele leere Zimmer hin,
Wo niemand wohnt, der einen freundlich grüßt,
Wie durch die Todtenhallen, um das Leben
Nur wieder aufzufinden. Wohnten wir
In einem kleinen Häuschen doch beisammen,
Wo wir uns fänden, ohne uns zu suchen!

Marchese.

Gedenke nicht der engen Hütte mehr,
Die unsre Armuth, unsern Gram gesehn;
Sie sey vergessen, wir vertauschen sie
Mit dem Pallast, für den wir sind geboren!

Leonhard.

Mir bleibt sie werth!

Graf.

Du wirst die alten Hallen,
Die Dich begrüßen, hier schon lieb gewinnen. —
Ich habe lange sie allein bewohnt,
Und dennoch nimmer einsam mich gefunden.
Sie sind die grauen Freunde unsrer Väter,
Sie haben sie vorüber wandeln sehn,
Als Kind und Greis, sie haben nah' gestanden,
Bei ihrer Freude, wie bei ihrem Schmerz;
Sie kennen alle die Geheimnisse,
Die längst der Tod versiegelt. — Deshalb waltet
Ein stiller Geist des innigsten Vertrauens
In diesen Mauern und empfängt auch Dich.

Leonhard.

Ich ahn' es wohl, ich werd' ihn auch verstehn.

Graf.

Sieh', diese Hallen sind in Zukunft Dein;

Du mußt mit ihnen innig Dich befreunden;
Nicht wahr, Du gehst nicht wieder von mir fort?

Marchese.

Nicht doch, Herr Graf, Ihr werdet mir den Sohn
Nicht vorenthalten; soll ich denn allein
Aus dem Exil nach meiner Heimath ziehn?

Graf.

Das sollt Ihr nicht; auch Ihr sollt bey uns bleiben,
Und reicher hier an vielen Kindern seyn.
Das Leben ist so einsam uns vergangen.
Vergebens rief ich Euch schon oft zu mir —
Woll'n wir denn nimmer uns zusammen finden? —

Marchese.

Mein theurer Graf, ich lad' auf gleiche Weise

Euch ein, mir nach Italien zu folgen.
Erhalt' ich dort, was ich besessen, wieder,
Soll es dem Grafen Nord gar wohl gefallen.

Graf.

Ich zweifle nicht. Doch darf ich diese Gauen
Und ihre friedlichen Bewohner nicht
Verlassen, denn hier werd' ich treu geliebt,
Und mit Euch will ich Lieb und Sorgen theilen.
Dort kennt man Euch kaum mehr — dort — o bleibt hier.

Marchese.

Fragt nur Lenardo nach dem schönen Lande,
Das mich gebar; wer dort die Luft geathmet,
Der Sprache weiche Klänge dort vernommen,

Den zieht es hin, es bleibt ihm keine
Wahl. —
Nicht wahr mein Sohn, Du sehnst Dich
nach Neapel?

Leonhard, aus Träumerei erwachend.

Mit meinem Meister hatt' ich heute früh
Den nahen Fels erstiegen; finstre Schatten
Verhüllten unserm Blick noch Berg und
Thal.
Doch eines Riesengletschers stolzes Haupt
Begann bald in dem dunkeln Meer der
Nacht,
Wie eines Leuchtthurms Kuppel zu er-
glühen. —
Was ist das? rief ich ängstlich: öffnen sich
Auch hier der Erde grasse Feuerschlünde?
Hat der Vesuv hier seine Brüder stehn? —
„Sey ruhig, sprach der Meister, jener
Berg,
„Es ist die Jungfrau, die allmorgentlich
„Ihr Haupt mit frischen Feuerlilien
schmückt!"

Und seht, indeß wir also sprachen, fingen
Auch andre Gletscher hoch an zu erglühn,
Und standen leuchtend vor dem dunklen Himmel. —
Da war es mir, als würde jetzt Frühmette
Im Dom des Herrn gehalten, und als eilten
Die Sacristane zu den Hochaltären,
Um die geweihten Kerzen anzuzünden; —
Und nieder sank ich, innig mit zu beten.
Da zog, als wärs das süße Heimweh selbst,
Zum Schweizerland die Lieb' in meine Brust.

Marchese.

Man hört Dirs an, daß Du ein Künstler bist.

Graf.

O laßt ihn doch! vollende ganz, mein Sohn!

Leonhard.

Großvater, zürnt mir nicht! dem Schweizer ist

Das Vaterland ein kräftiger Magnet.
Ich bin ein Schweizer, denn mein Vater wars.
Soll mir in diesem Land nicht wohler seyn,
Das meines Vaters frohe Jugend sah,
Als dort, wo er sein Leben ausgehaucht?

Marchese.

Still! woran mahnst Du mich!

Leonhard.

Und wenn Ihr auch
In Fürstengleicher Pracht, mit stolzen Rossen
Hin zum Pallast des Königs durch die Straßen
Neapels fliegt, ich kann Euch nicht begleiten;
Denn auf dem Markt winkt drohend mir die Säule,
Die meines armen Vaters Bild getragen.

Marchese.

Schweig! sag' ich Dir!

Graf.

O gebt uns immer nach!
Ist Euch nicht wohler, wo Ihr Liebe findet,
Als dort, wo in den süßesten Triumph
Erinnrung doch Euch Galletropfen mischt?

Marchese.

Gönnt mir nur Zeit, wir wollen es erwägen.

Leonhard.

Nicht wahr? Du wirst Dich schon erbitten lassen? —
Doch lieber Ohm, wollt Ihr mich hier behalten
Als Sohn, so müßt Ihr meinem zweiten Vater
Auch eine Freistatt geben, meinem Meister;
Denn wir sind eins, und würden wir zerrissen,
Wir würden, glaub' ich, beide uns verbluten.

Graf.

Er sey willkommen! Sieh, das Schicksal will,
Indem es Vater — Schwester, — Sohn mir schenkt,
Das letzte Kleinod, auch den Freund gewähren.

Leonhard.

Du wirst ihn lieben lernen wie Dich selbst! —
O, laß mich eilen, daß ichs ihm verkünde,
Mit ihm des Glückes neue Gaben theile.

Marchese, rasch.

Was willst Du ihm verkünden? unsre Namen?
Noch nicht! Sie bleiben ein Geheimniß, bis
Der Bothe aus Italien erscheint.
Nicht den geächteten verarmten Mann,
Nein, den mit Ehre wieder heimberufnen,
Soll er in mir erkennen. Bis dahin
Bleib ich Herr Burg, des Grafen Anverwandter.

Mein Aeußres wird ihm zwar genugsam sagen,
Was er mir schuldig, was er ahnen darf.
Doch Du verschweigst ihm, was wir Dir vertraut.

Leonhard.

Verschweigen? ein Geheimniß vor ihm haben?
Das wird mir seyn, als sollt' ich ihn belügen.
So laßt mich wenigstens ihn und die Mutter
Befragen, ob sie hier nicht bleiben mögen,
Wo uns so gastlich sich die Heimath öffnet.

Graf.

Thu' das mein Sohn, und wirb sie uns zur Hülfe.

Leonhard.

Nicht wahr, Großvater! und dann gebt Ihr nach?
Uns allen könnt Ihr doch nicht widerstehn?

Marchese, abwehrend.

Laß nur! jetzt führ' uns Deinen Meister her,
Ich will ihn sprechen, und ihm Arbeit geben.

Leonhard.

Ja, gebt uns Arbeit! welche Werkstatt soll
In diesen Sälen uns errichtet werden?
Eilt ab.

Sechster Auftritt.

Marchese. Der Graf.

Graf, ihm nachsehend.

Du lieblich kindliches Gemüth! der Meister
Hat diese Blume sorgsam auferzogen.

Marchese.

Ja! doch sein großer Einfluß auf den Knaben,
Ich sags Euch offen, er ist mir zuwider.

Graf.

Weshalb? — Der Mahler scheint ein seltner Mann;
Ich sprach ihn heut, und hab' ihn lieb gewonnen!
Auch hat er sich durch Leonhards Erziehung
Ein sichres Recht auf ihn und uns erworben.

Marchese.

Das, hoff' ich, wird ihm abzukaufen seyn;
Ich achte auch die Kunst im Künstler hoch,
Nur ist der Künstler Stolz mir höchst zuwider.
Er maaßt sich in der bürgerlichen Welt
Gern eine hohe Stufe an, vergessend,
Daß er bei aller Kunst verhungern müßte,
Wenn reiche Gönner nicht die Hand ihm böten.

Graf.

Sie tauschen nur, und daß sie wenig geben,

Zeigt, daß die Gönner längst vergessen sind,
Wenn noch die Nachwelt Künstlers Namen nennt.

Marchese.

Drum schaff' er für die Nachwelt weil er lebt.
Ich will Lenardos dankbares Gemüth
Jetzt nicht verletzen, und da man den Namen
Des Meister Spinarosa überall
Mit Achtung in Italien nennt und preist;
So ist mir's recht, daß mich ein solcher Künstler
Um eine Freistatt bittet. Aber er
Soll mahlen, für mich mahlen, daß er nie
Vergißt, wer er und wer ich sey! Ich will
Gar eine schwere Probe seiner Kunst
Von ihm verlangen.

Graf.

Dürft' ich doch sie wählen!

Marchese.

Er soll mir meine blinde Tochter mahlen.

Graf.

Nicht wahr, das soll er? Ja, ihr habts getroffen,
Hier soll er seine Meisterschaft bewähren! — —
Doch lieh' er sich auch jenen zarten Pinsel,
Womit der Frühling seine Blumen mahlt,
Und taucht' in Aetherblau und Sternenglanz
Ihn ein, doch mahlt' er nicht das Himmelslicht
Der holden Augen, die erloschen sind.

Marchese.

Ich zweifle selbst, daß gnügend er's vollende,
Zumal Camilla feierlich erklärt,
Daß keinem Mahler sie mehr sitzen will.

Graf.

Sie braucht ihm nicht zu sitzen; könnt' ich mahlen,

Ich zöge mich mit meiner Staffelei
Ins allereinsamste Gemach zurück,
Damit ich ungestört ihr Ebenbild
Wie es in meiner Seele lebt, beschaun
Und treu kopiren könnte.

Marchese.

Ei! Herr Graf!
Ist meiner Tochter Bild Euch denn so werth?
Und Eure Phantasie so glühend heiß?

Graf.

Das Herz blieb heiß! wards auch vom Kreuz bedeckt —
Mein Vater, laßt mich's endlich Euch erschließen! —
Ich habe lang gelitten und geschwiegen,
Jetzt ist die Zeit da, wo ich sprechen darf.

Marchese.

Was ist Euch Graf? Ihr seyd so tief bewegt?

Graf.

Es bebt mein Herz, so wie die Knospe bebt,
Wenn sich die Blüthe will dem Tag entfalten! —
Was treu und heilig ich bisher bewahrte,
Darf ich es dreist Euch vor das Auge stellen? —

Marchese.

Wie ich Euch ehre, ehrt mich durch Vertraun.

Graf.

Wohlan! Euch ist bekannt, daß sich mein Vater,
Als ihm das Kindbett' seine erste Gattin
Entrissen, bald zum zweitenmal vermählte.
Ich war das Schmerzenskind, war die Cypresse,
Die an der theuren Mutter Grab gepflanzt,
Der Trauer Sinnbild, trauernd leben sollte.
Bald wurde von der zweiten Gattin ihm
Ein zweiter Sohn, mein Bruder Kurt, geboren.

Der Vater liebt' uns beide gleich; die Mutter —
Für mich war sie gestorben! — — Doch wir wuchsen
In brüderlicher Eintracht fröhlich auf.
Einst ließ mein Vater uns zu sich bescheiden,
Und sprach: „Ich fühle, daß der Tod mir naht;
„Deshalb vernehmt, wozu ich Euch bestimmt.
„Zwei Freunde bieten mir für Euch die Hand.
„Der eine, der Marchese di Sorrento,
„Gewährt Euch seine reiche schöne Tochter,
„Der andere, des deutschen Ordens Meister,
„Reicht mir für Euch das Kreuz der deutschen Herrn.
„Dich Gotthardt, der als erstgeborner Sohn
„Dies große Majorat besitzen wird,
„Hab' ich zum Stammerhalter mir ersehn;
„Drum wirb Du um Camilla's Hand und Liebe.
„Doch Kurt, für Dich hab ich das Kreuz erkiesen,

„Dein heißes Blut wallt Dir so ungestüm,
„Daß ich das Glück der Tochter meines Freundes
„An Deiner Hand nicht sicher glauben kann!“

Marchese.

Was muß ich hören! weshalb änderte
Der weise Vater seinen klugen Willen?

Graf.

Er hat ihn nie geändert. — Bald nachher
Erkrankt' er schwer. — Da hieß er die Gemahlin
Die Brief' an Euch und an den Ordens-Meister
Vor seinem Ende schleunig abzusenden,
Und drauf bezahlt' er seine Schuld dem Tode.

Marchese.

Allein der Brief, den ich damals empfing,
Enthielt ja deutlich Eures Bruders Namen?

Graf.

Ganz recht! — Die Mutter hatte sie
vertauscht.
Will jede Mutter doch des Sohnes Kinder
Gern wieder auf den Armen wiegen! — Ach!
Noch wußt' ich nicht, was ich verlieren
sollte! — —
Ich nahm Besitz von meiner Väter Schloß,
Sah schon die Hausfrau mir zur Seite stehn,
Von der ich wachend träumte, träumend
sprach. — —
Da kam von Euch, wie von dem Ordens-
Meister,
Die Antwort: Ihr gewährtet Eure Tochter
Dem Kurt, und mich lud man zum Rit-
terschlag. — —

Marchese.

Unseel'ger Tausch! der auch mein Glück
zertrümmert! —
Und Ihr berieft Euch nicht auf Vaters
Wort?

Graf.

Ich sah' des Bruders liebeglüh'nde Blicke, —
Ich sah der Mutter Freude — und verschwieg
Mein tiefes Leid, — und ging und nahm
das Kreuz. —

Marchese.

Ihr seyd ein ächter Ritter! — deshalb also
Floh Euer Bruder Euer gastlich Schloß,
Und suchte lieber die verborgne Hütte?
Deshalb nannt' er sich lieber Graf von
Ringen?

Graf.

Ihr ludet mich zur Hochzeit ein, — ich
kam. —
Da sah ich die mir einst bestimmte Braut,
Weit lieblicher, als ich sie je geträumt,
Mit Thränen ihre Hand dem Bruder reichen,
Und der Gedank' erwacht in mir: vielleicht
Wär sie mir seel'ger an die Brust ge-
sunken!

Da fuhr der Schmerz mir glühend durch
die Seele,
Und nimmer ist die Wunde zugeheilt.

Marchese.

O wäre sie nicht Eures Bruders Wittwe!
Wär' sie nicht blind! dann wollt' ich freu-
dig sagen:
Werft ab das Kreuz! auf daß die Lieb' erstehe.

Graf.

Und wenn ich in die tiefverhüllten Augen
Doch lieber schaut' als in der Sommernacht
Gestirnten Himmel? Ihren dunkeln Pfad
Mit Lieb' ihr zu erhellen noch mich sehnte? —
Kennt Ihr denn keine Macht, die jene
Schranken
Hier niederrisse? — Keine, als den Tod?

Marchese.

Wohl kenn' ich eine, — doch schwer zu
erlangen,
Des heil'gen Vaters Dispensation. —

Graf.

Doch zu erlangen, sagt Ihr, wars nicht so?
Und wenn ich sie erlangte?

Marchese.

Habt Ihr denn
Drum angesucht?

Graf.

Und wenn ich sie erlangte? —

Marchese.

Dann soll mein Vatersegen Euch nicht fehlen!

Graf.

Mein Vater! — steht mir nach der langen Prüfung
Auf einmal das ersehnte Glück so nahe?
Glaubt nur, den Bruder hab' ich nie beneidet,
Ich gönnt' ihm treu sein Glück, und hätte gern
Sein Leben mit dem Meinigen erkauft;

Doch seit er todt ist, hat sich leis' und schmeichelnd
Die Hoffnung wieder in mein Herz geschlichen.
Ich habe Jahre lang die größten Opfer
Dem Orden und dem Pabste dargebracht,
Hab' mir ein Recht auf ihre Dankbarkeit
Mühsam errungen; jetzt steh' ich am Ziele!
Der Orden hat sich willig mir erklärt,
Er nimmt das Kreuz zurück, sobald ichs gebe,
Und mächt'ge Gönner haben sich in Rom
Für mich verwendet.

Marchese.

Nun dann ist kein Zweifel;
Dann wird Dein Wille, mein verklärter Freund,
Noch in Erfüllung gehn, dann soll Dein Sohn,
Den Du erwählt, jetzt noch mein Eidam werden.

Graf.

So fehlt nur eins mir, doch das Köstlichste,
Und zagend steh' ich, ob ichs auch erringe:
Camilla's Liebe.

Marchese.

Laßt Euch diese Zweifel
Des Glückes sichre Boten seyn; wenn es
Uns wirklich naht, schickt es voraus die Zweifel,
Um desto schöner uns zu überraschen.

Graf.

Meint Ihr, sie liebt mich? — Ach! ich glaubt' es auch,
Wenn sich ihr Herz im innigsten Vertraun
Mir aufschloß; doch die Liebe ist wohl mehr. — —

Marchese.

Ihr habt mein Wort, und das laßt Euch genügen!
Sie selbst hat keinen Willen, folgt nur mir.

Erlaubt der heil'ge Vater diese Ehe,
So bürg' ich Euch, daß sie die Hand Euch reicht.

Graf.

O! eile seel'ger Augenblick herbei,
Wo ich sie mein darf nennen, wo das Herz
Sich endlich an dem Gleichgeschaffenen
Ausweinen und vergehen darf in Liebe!
O gieb nur einen Funken Deines Lichtes
Und zünd' Ihr den erloschnen Strahl der Augen
Aufs Neue an, Du Ew'ger! daß sie mich
Erblicken und verstehen möge, wann
Ich stumm vor Wonn' an ihre Brust mich lege.

Marchese.

Auch dieser Wunsch wird uns vielleicht erfüllt;
Ein Arzt hat mir die Möglichkeit verheißen:
Wenn ein Gefühl mit solcher Allgewalt

Das Herz durchzuckt, daß selbst die todten Nerven
Es aus dem Schlaf aufschüttelt, flieht der schwarze Staar.

Graf.

Wenn ihr das Herz von Lieb' erbebt wie mir,
So ist der Augenblick mir vorbehalten. —
Mein Vater! wollt Ihr mich jetzt noch verlassen?

Siebenter Auftritt.

Die Vorigen. Leonhard. Der Mahler.

Leonhard, froh herein eilend.

Wir bleiben hier, Großvater! auch die Mutter
Und mein geliebter Meister will'gen ein;
So seyd Ihr überstimmt!

Graf, ihn umarmend.

Mein Leonhard!

Marchese.

Du kommst zu spät; der Graf hat schon gesiegt.

Leonhard.

Hat er? —

Mahler.

Verzeihet seinem Ungestüm,
Daß ich Euch störe.

Marchese.

Nein! Ihr seyd willkommen!
Hab' ich dem Meister meines Enkels doch
Nur flüchtig dankend erst die Hand geboten;
Es ist wohl Zeit, daß ich mich zu der Schuld
Bekenne, die ich treu bezahlen will.

Mahler.

Ich weiß von keiner Schuld. Doch nehm ich froh
Die mir gebotne Hand als sichres Zeichen,
Daß die mir anvertraute theure Pflanze
An meinem Herzen wohl gediehen sey.

Graf.

Ihr habt Euch der Verwandtschaft Recht erworben;
Stellt Euch als Glied in den Familien-Kreis,
Der diese Hallen neu beleben wird,
Wenn Euch das Vaterland nicht von uns zieht.

Mahler.

Das Vaterland zieht mich zu Euch, denn wo
Ich Vater seyn darf, ist mein Vaterland.

Graf.

Auch sprecht Ihr, wie ich höre, unsre Sprache,
Als sey's die Eurige.

Mahler.

Ich schätze sie
Vor allen, denn die deutsche Sprache ist
So reich und kräftig, wie das deutsche Herz.
Drum sehnt' ich mich mit Leonhard nach Deutschland,
Denn dort, so glaubt' ich, wäre seine Heimath.

Leonhard.

Nein Meister! jetzt ist meine Heimath hier!
Gar viel umschließen diese grauen Mauern.
Ich will Dir alles sagen, trau für jetzt
Dem Leonhard, hörst Du? und zürn' ihm nicht,
Daß er Geheimniß vor Dir haben muß.

Mahler.

Ich traue Dir!

Graf.

So schlagt Ihr ein?

Mahler.

Mit Freuden!

Marchese, zum Mahler.

Ich weiß es schon, ein Künstler kann nicht feiern.
Drum freu' ich mich auf all' die Meisterwerke
Im Voraus, die Ihr hier erschaffen werdet.

Mahler.

So Gott will, denk' ich manches zu vollenden.
Es ist mir stets, als müßt' ich emsig sorgen,
Den Menschen die Gestalten meines Innern
Zu offenbaren, eh' der Tod den Spiegel
Mit seinen schönsten Bildern schwarz verhängt!

Marchese.

Nicht wahr, ein schweres Werk reitzt Euch am meisten?

Mahler.

Bisweilen, ja! wenn es der Mühe lohnt.

Marchese.

Laßt eine Aufgab' Eurer werth mich wählen:
Lenardo's Mutter, meine blinde Tochter,
Wünscht' ich von Eurer Hand gemahlt, doch so,
Daß Euer Pinsel, einem Arzte gleich,
Den Augen neues Licht und Leben gäbe.

Mahler.

Hätt' ich den Geist nur einmal schimmern sehn,
Der in dem Strahl des Auges sonst gelebt.

Graf.

Aus ihren Engelszügen werdet Ihr
Des Blicks erloschne Schrift gar bald errathen.

Marchese.

Doch müßt ihr heimlich mahlen, gleichsam ihr
Das Bild abstehlen, denn aus Eigensinn
Beharrt sie drauf, nicht mehr gemahlt zu werden.

Mahler.

Dann kann ich sie nicht mahlen!

Marchese.

Sie soll sitzen,
Doch nur nicht wissen, daß sie für Euch sitzt.

Mahler.

Dann darf ich sie nicht mahlen!

Marchese.

Und weshalb? —
Ich biete hohen Preis für dieses Bild!

Mahler.

Herr Burg, der Meister Eures Enkels ist
Für keinen Preis Euch feil, er kam zu Euch,
Weil er des Lohns der Welt nicht mehr bedarf.
Ich würde gern Lenardo's Mutter mahlen,
Doch stehl ich ihr das Bild nicht heimlich ab.
Laßt doch den Sohn versuchen, ob sie ihm
Vielleicht nicht nachgiebt, und ihm sitzen mag.

Leonhard.

Ja Meister, Du hast Recht! mir wird sie sitzen,
Die lieben Züge will ich treu entwerfen
Und Du stehst mir mit Deinem Rath zur Seite.

Mahler.

Daß er's gut ausführt, dafür bürg' ich Euch.

Graf.

Nun dann versucht, ob sie es ihm gewährt.

Leonhard.

Geschwind Großvater! Kommt zur Mutter hin!
Schon glüh' ich vor Verlangen sie zu mahlen.
Sie wird nicht unsern Bitten widerstehn.

Marchese.

So gieb uns eine Probe Deiner Kunst.

Beide ab.

Achter Auftritt.

Der Graf. Der Mahler.

Mahler.

Ein Wort an Euch, Herr Ritter, eh wir folgen.
Nicht wahr? Ihr seyd des Schlosses Herr?

Graf.

Ich bins!

Mahler.

Ihr habt mich eingeladen hier zu bleiben.
Für jenen Ort, den ich mit Leonhard
Als seine Heimath zu beziehn gedachte,
Hätt' ich wohl manch Erwünschtes mitgebracht.
Was aber bring' ich Euch?

Graf.

Könnt Ihr noch fragen?
Und steht vor mir so reich an Geist und Herzen?

Mahler.

Ein schwacher Strahl erhellt wohl eine Hütte,
Doch im Pallast merkt man ihn kaum. Ich kenne
Das Band nicht, das sich hier um alle schlingt,
Nicht, obs aus sichern Fäden sey gewebt,
Daß ich es auch als Ankerthau erfasse.

Graf.

Das Band ist unzerreißbar, Freundschaft, Liebe
Und Blutsverwandtschaft sind die starken Fäden!

Mahler.

Ist's aber weit genug, daß es auch mich
Umschlinge? steht der heimathlose Künstler
Nicht fremd vor Euch? mißgönnt Ihr ihm die Liebe,
Die Kindesliebe seines Schülers nicht? —

Graf.

Nein! — Eure Freundschaft soll Ersatz gewähren.
Hier seyd Ihr nicht mehr fremd, nicht heimathlos.

Mahler.

Ihr seyd vornehm und reich! doch müßt Ihr mir
Ein unabhängig Leben auch gewähren.
Ich habe viel erworben und erspart,
Nehmt es von mir, damit ich auch von Euch
Das Beſſ're freier wiedernehmen darf.

Graf.

Ihr fordert viel, doch ich gewähr' es Euch.

Mahler.

Und wenn ich manchmal kühn den Blick erhebe
Und in die Wolken schaue, glaubt dann nicht,
Daß mich ein Künstlerstolz ergriffen! Nein,
Je höher sich mein Blick nach dort erhebt.

Je reiner, demuthsvoller ist mein Herz. —
Und senk' ich manchmal still mein Haupt zur Erde,
Und wage kaum die Augen aufzuschlagen,
Glaubt nicht, daß ich dann schüchtern furchtsam sey.
O nein! dann haben höhere Gestalten,
Als Menschen sind, sich um mich her versammelt,
Auftragend mir, was kühn ich soll vollenden.
Vor diesen beug' ich mich, doch nicht vor Menschen.

Graf.

Seyd unbesorgt! wir werden Euch versiehn.

Mahler.

Der Leidenschaften bin ich quitt! ich habe
Als Mensch mit Thränen ihre Schuld bezahlt,
Und sie zu Grab' getragen. Will jedoch
Die Phantasie des Künstlers sie beschaun,
Heb' ich das Leichentuch noch einmal auf:

Da liegen sie, als wie vom Traum befangen,
Und grinsen furchtbar, oder lächeln still!
Doch fürchtet nichts, sie stehn nicht wieder
auf.

Graf.

Ihr Glücklicher! Ihr seyd der Euren Sieger!

Mahler.

Verzeiht der ernsten Stunde eine Frage:
Habt Ihr geliebt?

Graf.

Geliebt? Ich hab' es! — Ja!

Mahler.

Nun denn, das schwarze Kreuz auf Eurer
Brust
Enthüllt mir klar das Schicksal Eurer Liebe.
Auch mein Herz ist gebrochen! — Ach,
ich habe
Nichts, was mich knüpft an diese kalte Welt,
Als meine Liebe zu dem Leonhard.

Graf.

Wir woll'n in dieser Liebe uns begegnen;
Seyd Ihr der eine Vater, ich der andre;
Laßt beide uns des jungen Baumes pflegen
Und seiner Krone stolzen Wuchs beschützen;
Und streckt er einst die Aeste gastlich aus,
Laßt uns in seinem Schatten schlafen gehn. —
Das Schicksal hatte einen Bruder einst
Mir an die Brust gelegt. Doch Feindes Hand
Und eines Künstlers frecher Pinsel haben
Ihn mir geraubt. Vergeblich öffnete
Dem Bruderherzen ich so oft die Arme —
Ich breite sie noch einmal aus für Euch.

Mahler.

Und nicht umsonst! — Ich ziehe fröhlich ein!

Sie umarmen sich.

Der Vorhang fällt.

Zweiter Aufzug.

Erster Auftritt.

Ein anderes Zimmer im Schlosse.

Der Marchese. Der Graf. Der Mahler. Leonhard. Kamilla. Julie.

Halb mit dem Rücken nach den Zuschauern sitzt Kamilla, Julie steht hinter ihr; Leonhard sitzt mahlend an der Staffelei, der Graf steht hinter ihm, theils auf Kamillen, theils auf das Bild sehend; der Marchese und der Mahler im Vordergrunde im Gespräch begriffen.

Marchese, zu Leonhard und Kamillen.

Laßt Euch nicht stören! Thut als wären wir
Hier nicht zugegen. —

Zum Mahler.

Meister, schaut nicht hin,
Bis er sein Bild vollendet vor uns stellt.

Gebt der erwünschten Nachricht lieber mehr.
Ich möcht' Euch Tagelang erzählen hören,
Denn ich war auch einst in Italien.
Trifft man jetzt viel der braven Künstler dort?

Mahler.

Von jungen tücht'gen Meistern kenn' ich keinen;
Die alten sterben, oder werden stumpf;
Francesco Solimena altert schon,
Und Luca Giordano, dem fa presto,
Hat nach der Rückkehr vom Escurial,
Der Tod auch sein: fa presto! zugerufen.

Marchese.

Bescheiden nennt Ihr selbst Euch nicht; allein
Auch Euch zählt man jetzt zu den großen Meistern;
Wir wissen, daß Ihr oft den Preis erhieltet.

Mahler.

Man sagt, es sey mir manches Werk gelungen.
Allein dieß gnügt nicht; nur der Genius,
Der in ihm lebt, und immer neu erfindet,
Dem keine Gegenwart die Bilder leiht,
Der in sich selbst die Ideale schafft,
Und kühn erdenkt, was noch kein Auge sah,
Obgleich es wahr vor jedem Blick erscheint,
Der macht den Meister. Meine Phantasie
Dreht sich um einen kleinen Kreis; man wirft
Mir Armuth an Erfindung vor, und meint,
Die lieblichsten Gestalten meiner Bilder,
Sie trügen immer fast dieselben Züge.

Marchese.

Das Schöne gleicht sich überall. Man muß
Die Werke eines Meisters nie vergleichen,
Denn jedes Kunstwerk soll für sich bestehn.
Wie seyd Ihr zu beneiden, der so früh
Das Ziel errang und einen großen Ruf.

Mahler.

Man sollte keinen Künstler glücklich preisen,
Eh' man nicht weiß, was ihn zum Ziel geführt
Und seinen Werken die Entstehung gab.

Marchese.

Wie meint Ihr das?

Mahler.

Laßt mich ein Gleichniß geben:
Vor Euren Blicken zieht die Wolke hin
In wunderbarer herrlicher Gestaltung:
Im reinen Aether badet sie den Busen,
Der Abend kränzt mit Rosen ihr das Haupt
Und stickt um ihr Gewand den goldnen Saum.
Ihr schaut bewundernd und entzückt ihr nach,
Doch wißt Ihr nicht, woraus sie sich gestaltet:
Ob aus des Altars heilgem Opferrauch,
Ob aus dem Nebel-Athem der Gefilde,

Wenn Gottes Regen sie erquickte, sie
Entstanden, oder ob sie aus dem Dampf
Der Schlacht und aus dem Qualm der
Feuersbrunst
Sich riesig aufgethürmt. Euch gilt es
gleich,
Ihr freut Euch ihrer Form und ihres
Schimmers. —
So geht das Kunstwerk auch an Euch vor-
über:
Ob es ein frohes und zufriednes Herz,
Begeistert von beglückter Lieb, erschuf, —
Ach! oder obs in nie gestillter Sehnsucht,
Bei tiefem und geheimem Herzenskummer,
Ob es im halben Todeskampf entstand,
Euch ist es gleich, Ihr freut Euch seines
Glanzes
Und fraget nicht, was es dem Künstler
kostet.

Marchese.

Das geb' ich zu, allein ich tadl' es nicht.
Die Welt ehrt nur den hohen Genius,

Der aus dem Kunstwerk deutlich zu ihr
spricht;
Ob ihn ein milder Sonnenschein erweckte,
Ob ihn Gewitterstürme wach geschüttelt,
Es gilt ihr gleich, steht er nur kräftig da,
Denn die ihn weckte, war die rechte Stimme.

Kamilla hat zu Ende dieses Gesprächs sich von Julien schon die Binde um ihre Augen wieder binden lassen.

Kamilla, aufstehend.

Laß mich mein Sohn! ich kann Dir nicht
mehr sitzen! —
Zu innig fühl ich mich bewegt, ich will
Dem Vater näher stehn, um deutlicher
Zu hören, was der Meister mit ihm spricht.

Marchese.

Ja, meine Tochter! komm und hör uns zu. —
Ich habe den Genuß so lang' entbehrt,
In dem Gebiet der Kunst mich zu ergehen.

Kamilla.

Laßt Euch nicht stören, Meister! redet weiter

Erzählt auch mir von Eurem Vaterlande,
Dem wunderherrlichen Italien.

Mahler.

Mit Freuden, edle Frau! ich wünschte nur,
Ihr hättet selbst dies schöne Land gesehn.

Kamilla.

Glaubt Ihr, es sey mir fremd? Ihr habt wohl Recht!
Kaum weiß ich noch, was sehen, kennen heißt,
Und ob mirs nicht im Traum nur sey erschienen.
Doch laßt das, — und vergönnt mir eine Frage:
Ihr nanntet vorhin nur Italiens Künstler;
Allein auch fremde Mahler haben wohl
Sich um die großen Werke dort versammelt?
Kennt Ihr von Solimena keine Schüler?

Mahler.

Nicht von Bedeutung, wie ich mich erinnre.
Der Krieg trieb alle fremde Künstler heim!

Kamilla.

Der Krieg! — Ja! wem er eine Heimath ließ.
In kalter unwirthbarer Brust geboren,
Tritt er hinaus, und zehrt von fremden Thränen,
Und fremdem Herzblut. — Ach! Ein jeder Streit
Ist Krieg, gält' er auch nur das kleine Land,

Die Hand aufs Herz legend.

Das man mit einer Hand bedecken mag.

Mahler.

Und gilt er das, dann wird es spät erst Friede.

Kamilla.

O meine Augen! — Führt mich an die Luft!
Des Aethers klare Fluthen stärken sie.
Mir wird so bang'! die Augen schmerzen! kommt!

Marchese und Julie führen sie ab.

Zweiter Auftritt.

Der Graf. Der Mahler. Leonhard.

Mahler.

Ihr armen Augen! Ach kein Stern erglänzt
Durch Eure Nacht! nur heiße Thränen fallen
Aus Eures dunkeln Himmels schwerer Wolke.

Graf.

Hab' ich Euch wohl zu viel von ihr gesagt?
Zieht eine sanfte Macht Euch nicht zu ihr?

Mahler.

Ich möchte sie dem Genius des Traumes
Vergleichen, der, trotz der geschloßnen Augen,
Doch Leben führt in unsre öde Nacht.
Ich kann Euch nicht beschreiben, welch Gefühl
Mich heut durchbebte, als sie meine Hand

Ergriff und mir der Mutter süßen Dank
Für des geliebten Sohnes Pflege brachte.
Mir wars, als hört' ich längst verklungne Stimmen
Mich wieder mit dem Ton der Liebe rufen. —
Für kalt, an Worten arm, wird sie mich halten;
Die Stimme stockte, und was mir beredter
Ins Auge trat, das konnte sie nicht sehn.

Graf.

So zieht sie überall die Herzen an
Und übt Gewalt und glaubt es selber nicht.

Leonhard, springt unwillig auf.

Nein, keinen Strich mehr! — Nein, ich bin zu sehr
Noch Schüler, um der Mutter Bild zu mahlen!

Mahler.

Was hast Du, Leonhard? Was fällt Dir ein?

Leonhard.

Da hab' ich nun gezeichnet und gemahlt, —
Treu, wie ich glaubte, wie der Spiegel treu;
Ich weiß es auch, es ist kein Zug verfehlt,
Und dennoch wirds nicht meiner Mutter Bild.

Graf.

Du hast sie um zehn Jahr zu alt gemahlt.

Mahler,
das Bild betrachtend.

Das Bild ist brav gezeichnet, gut gemahlt.
Zwar hab ich Deine Mutter ohne Binde,
Die ihre Augen deckt, noch nicht betrachtet,
Doch mein' ich, es sey auch getroffen.

Leonhard.

Nein!
Seht doch nur her, 's ist eine alte Frau,
Die auf der Leinwand steht, und nicht die Mutter.

Mahler.

Willst Du den Sommer mahlen, darfst Du freilich
Ihm nichts von seiner Farbenpracht entziehn;
Trüg er auch manche halbverwelkte Blume,
Auf Deinem Bilde darf sie doch nicht stehn,
Sonst mahlst Du statt des Sommers schon den Herbst,
Und jeder sieht, daß Du die Zeit verfehlt.
Soll aber sich der Schwermuth stiller Geist,
Der zwischen Herbst und Sommer steht und dem
Verblühn vorangeht auf dem Bilde zeigen,
So laß die Blumen sanft die Häupter senken,
Doch ohne Welken, so, als könne sie
Der Nachtthau noch einmal erfrischen,
Dann schaffst Du erst ein lieblich wahres Bild.

Graf.

Das ist es, was dem Bilde fehlt. Denn keine
Der holden Blumen ist gewelkt, und dann
Die Augen? — Nein, das sind sie nicht! Du hast
Recht freundlich mütterliche Augen ihr
Gemahlt, allein der Geist, der wie ein Strahl
Des Morgens auf dem Thau der Blumen schwamm
Und sie belebte, dieser Geist, er fehlt!

Mahler.

Ich ahn' es auch, als ob ich ihn gesehn!

Leonhard, ungeduldig.

Ihr habt ja Recht! allein wo find' ich Farben,
In die ich hier den Pinsel tauchen soll? —
Wie trefflich war mir nicht das letzte Bild
Der jungen schönen Römerin gelungen?

Da mischt' ich kühn die Farben, mahlte dreist,
Und Du sprachst selbst, das Bild sey voller Leben.

Mahler.

Ja, jenes Bild war schön! — Doch glaub' ich fast,
Daß damals unsichtbare Genien
Dir nahe stehn und Farben reichen mochten.

Leonhard.

Sprich, welche Genien? wie heißen sie?

Mahler.

Gieb ihnen keine Namen! — denn so lange
Du sie nicht nennst, naht die Begeisterung
An ihrer Hand Dir willig; nennst Du sie,
So laden sie Dich stöhrend wohl zum Kampfe.

Leonhard.

Meinst Du? — Doch warum stehn sie jetzt mir fern?

Mahler.

Dir steht ein Genius nah', die Kindesliebe!
Er zieht Dich weg von Deiner Staffelei.
Hin, in den Arm der lang entbehrten Mutter!
Er hat nicht Zeit, die Farben Dir zu mischen;
Drum folg' ihm nur, und lieber laß das Bild
Hier unvollendet, eh' es nicht gelingt.

Leonhard.

Ja, Du hast Recht! fort Pinsel und Palette!

Graf.

Du willst die holden Züge Deiner Mutter
Vergehen lassen? willst nicht aus dem Strom
Der Zeit ihr Bild erhaschen, um es treu
Der Nachwelt aufzusparen, daß sie's liebe? —

Leonhard.

O zürnt mir nicht, daß ich es nicht vermag.

Mahler.

Ich hätte selbst gewünscht, es wär gelungen.

Leonhard.

Vollende Du's, geliebter Meister, ja
Laß Dich von mir erbitten!

Mahler.

Leonhard!
Ich thät' es gern, allein ich darf es nicht.

Dritter Auftritt.

Die Vorigen. Der Marchese.

Leonhard.

Großvater kommt! helft mir den Meister bitten,

Daß er der Mutter Bild vollenden möge!
Ich kann es nicht, ich würd' es nur verderben.

Marchese.

Wie so! — schien der Entwurf Dir doch gelungen.

Leonhard.

Da schaut nur selbst; es kann Euch nicht gefallen.

Graf, zum Mahler.

Ihr steht in Euch versunken, gebt Ihr nach?

Marchese, das Bild betrachtend.

Ja! Du hast Recht! so kann das Bild nicht bleiben.
Es ist zu treu, es stehen Schmerz und Kummer
Und ihre Wohnungen, die leichten Fältchen
Mit auf dem Antlitz, und der Künstler muß

Die Schrift genau zu unterscheiden wissen,
Die uns das Schicksal auf die Stirne schrieb,
Und muß diskret verschweigen, was er las.

Mahler.

Es scheint, Ihr kennt der Kunst Geheimniß wohl.
Ja, wär' es nicht zu ängstlich treu gemahlt,
Ich glaub', es wär' ein herrlich Bild geworden.

Graf.

Schafft Ihr es so, Ihr habt die Kraft dazu!

Marchese.

Und auch die Pflicht, die vielgeübte Hand
Des Meisters an des Schülers Werk zu legen.

Leonhard.

Laß Dich erbitten! es ist meine Mutter!

Graf.

In dieses Schlosses altem Rittersaale
Stehn all' die Konterfeie meiner Väter
Und ihrer edlen Gattinnen versammelt.
Wißt denn, auch sie gehört zu ihnen; soll
Die schönste Blume dieses Kranzes fehlen?
O führt sie ein, in jenen heil'gen Kreis.

Mahler, wie aus einem Traume erwachend.

Wohlan, so gieb mir Pinsel und Palette! —
Ich will dem Herzen folgen — und vollenden.

Leonhard.

Mein Meister!

Marchese.

Nehmt im Voraus meinen Dank!
Sie soll Euch sitzen, ohne daß sie's weiß.

Graf.

Ihr ahnet nicht, wie viel Ihr uns gewährt.

Leonhard, besorgt zum Mahler.

Was ist Dir doch? Du bist so tief bewegt.
Thust Du's auch gern? Zürnst Du auch nicht auf mich?

Mahler.

Ich weiß nicht, was mir durch die Seele geht;
Mir ist's, als zogen unsichtbare Geister
Mich hin zur Staffelei! — O gönnt mir nur
Erst einen Augenblick, um mich zu sammeln.

Leonhard.

Nimm mich mit Dir! ich kann Dich nicht verlassen!

Beide ab.

Vierter Auftritt.

Der Marchese. Der Graf.

Marchese.

Ich kam Euch aufzusuchen. Meine Tochter
Find' ich seit heute Morgen ganz verändert.

Graf.

Wie so?

Marchese.

Das ruhig still ergebne Herz
Hebt kühn die Brust, als wollt's den Kerker sprengen.

Graf.

Es ist die Freude ob des Sohnes Rückkehr.

Marchese.

Nein! Mutterfreude gießt ein stillend Oehl
In des Gemüthes aufgeregte Wogen.

Nein! Also hebt die Sehnsucht nur das
Herz,
Nur eine tief verborgne Leidenschaft.

Graf.

Wie, dürft ich hoffen! — Vater! dürft
ich hoffen,
Daß mir und ihr ein Strahl die Brust
erwärmte? —

Marchese.

So wünscht' ich es mein Freund! doch
fürcht ich fast,
Ein andres Bild aus der Erinnerung
Ist wie ein Todter seiner Gruft entstiegen,
Und überfällt das Herz mit Sehnsucht ihr.

Graf.

Ein andres, früher schon geliebtes Bild?
Gebt mir Gewißheit, hebt den Schleier
weg!

Marchese.

Als mir der Tod zu früh mein Weib entrissen,
Vertraut' ich der Aebtissin, meiner Schwester,
Die Tochter an, die kaum erst dreizehn Jahr.
Hier sollte im Verborgnen sie erblühen,
Vor jedem warmen Hauch, vor jedem Bilde,
Das ihr die Brust mit Sehnsucht füllen könnte,
Durch feste Klostermauern treu beschützt.
Damit der Graf vom Nord, den zum Gemahl
Ich ihr schon längst bestimmt, ihr reines Herz
So offen seiner Liebe finden möge,
Als zöge sie in ihre Heimath ein.

Graf.

So fand sie auch mein hochbeglückter Bruder!

Marchese.

Ach! leider nicht! zu spät hab ichs ge-
fühlt, —
Daß im Geräusch der großen Welt das
Herz
Oft sichrer ist, als in der Einsamkeit.

Graf.

Ja wohl! die Einsamkeit erzieht die Liebe.
Wer aber stahl sich in dies Heiligthum?

Marchese.

Das Kloster hatt' ein neues Altar-Blatt
Vom Meister Solimena mahlen lassen.
Als ers, ein wahres Meisterstück, voll-
endet,
Dringt man in ihn, ein halbverlöschtes Bild
Von einem unbekannten alten Meister,
Das man besonders hoch in Ehren hielt,
Mit seinem kund'gen Pinsel aufzufrischen.
Er übernimmts; doch stellt er einen Schüler,
Mit Namen Lenz, statt seiner, an die
Arbeit;

Der mahlt mit Fleiß; das schöne Bild
ersteht
Aufs Neue aus dem Grab der Zeit; allein
Das Angesicht der himmlischen Madonna
Wird unverkennbar meiner Tochter Bild.

Graf.

Trägt denn die Erde himmlischschön're Züge?

Marchese.

So stiehlt er sich ins eitle Mädchenherz.
Zu spät gewahrts die allzu sichre Schwester,
Und es war Zeit, daß Euer Bruder kam.

Graf.

Das also war der Grund von ihren
Thränen,
Als sie mein Bruder zum Altar geführt?

Marchese.

Ich hab' es Eurem Bruder nicht ver-
schwiegen.

Graf.

Habt Ihr den jungen Mahler selbst gesehn?

Marchese.

Nein! Euer Bruder hat ihn abgefertigt,
Wie sich's gebührte; wo er dann geblieben? —
Ich habe nicht nach ihm gefragt.

Graf.

Und jetzt?

Marchese.

Und jetzt? — Glaubt mir, durch Spinarosas Ankunft,
Durch seine Schilderung Italiens, ist
Das alte Bild aufs Neu' in ihr erwacht.
Habt Ihr gehört, wie sie nach fremden Künstlern,
Nach Solimenas Schülern ängstlich fragte?
Und als ich dann mit ihr ins Freie ging,
Verbarg sie ihre tiefe Regung nicht,

Und wie der klare Quell aus dunkler Grotte,
So drangen unaufhaltsam helle Thränen
Aus den lichtlosen Höhlen ihrer Augen.

Graf.

Dann habt Ihr diese Liebe zwar gebrochen,
Doch nicht entwurzelt.

Marchese.

Deshalb nenn' ich offen
Den Feind Euch, den Ihr zu bekämpfen habt.
Mein Vateransehn wird Euch Sieg gewähren.

Graf.

Wer Liebe kennt, wagt kaum mit ihr den Kampf.
Allein ihr Herz soll sich mir öffnen.

Marchese.

Wie?
Laut soll das werden, was sie schüchtern uns
Bisher verschwieg?

Graf.

Durch heiliges Vertraun
Will ich allein ein Recht auf sie erringen.
Laßt mich gewähren! Denn ich liebe sie!
Und was die Liebe heischt, wird sie mich lehren.

Fünfter Auftritt.

Die Vorigen. Der Mahler. Leonhard.

Leonhard.

Die Mutter kommt! Auf, Meister, zögre nicht!
Fort an die Staffelei! Ergreif den Pinsel;
Hauch meinem armen Bild die Seele ein.

Marchese, zum Mahler.

Ihr steht in Euch gekehrt? Ihr zweifelt noch? —
Bereut Ihr Euer Wort? Ihr habts gegeben!

Mahler.

Ich werd' es halten, und das Bild vollenden.
Doch stellt dem Künstler manches Werk sich dar,
Das er mit Liebe, wie mit Furcht beginnt.

Marchese.

Die Furcht stirbt im Gelingen! Still! sie kommt!

Sechster Auftritt.

Die Vorigen. Kamilla von Julien geführt.

Der Mahler sitzt still und zurückgebogen mit gefalteten Händen vor der Staffelei, seine Blicke unverwandt auf Kamillen geheftet. Der Ritter steht auf der andern Seite, er sieht auch nach ihr hin und macht eine Bewegung, als wolle er ihr die Arme entgegen breiten. Leonhard geht auf die Mutter zu, während der Marchese Julien im Hintergrunde zurückhält, und durch Zeichen zu verstehen giebt, daß er sie mit dem Geheimniß des Mahlers bekannt mache.

Leonhard.

Komm, meine Mutter!

Kamilla.

Bist Du da mein Sohn?
Laß jetzt das Mahlen, bleib' an meiner Seite.
Mein Auge ist die Hand, sie führt Dein Bild
Mir auch ans Herz!

Sie umschlingt ihn.

Mein Horizont ist klein,
Ich kann die Grenze mit der Hand erreichen;
Trittst Du hinaus, bist Du mir unsichtbar.

Leonhard.

Doch Deinem Mutterherzen immer nah.

Kamilla.

Das wohl! allein mein Auge will dem Herzen
Von Dir erzählen. Gieb mir deine Hand. —
Dein braver Meister hat sie weich erhalten;
Du hast das Leben noch nicht hart ergriffen,
Und keine Schwiele in die Hand gedrückt.

Sie streicht ihm die Wangen.

Wie Dir die Wange glüht! dies kleine Land
So sanft erwärmt von Deines Frühlings
Sonne,

Trägt sicher viel der roth und weißen Rosen. —
Nicht größer warst Du sonst. — Bis an mein Herz
Das war das Maaß, das ich beim Abschied nahm. —
Jetzt ist Dein Herz zu meinem aufgewachsen.

Leonhard.

In dieser Nähe faßt es Deine Liebe
Auch inniger, und klopft ihr heiß entgegen:
Du zitterst Mutter?

Kamilla.

Reich' mir einen Stuhl.
Mir ist so heiß, so wunderbar zu Muth.

Marchese.

Leg' Deine Binde ab, so wird Dir leichter.

Julie.

Es trifft Dich hier kein scharfer Strahl der Sonne.

Kamilla.

So nimm sie ab! —

Julie thut es. Der Marchese winkt dem Mahler und dieser beginnt die Arbeit, erst unbefangen, bald aber merkt man ihm ein leises Staunen, geheimes Entzücken ja alle die Regungen an, die schweigend sich darstellten wenn Jemand ein geliebtes, verlohren geglaubtes Wesen wieder zu erkennen glaubt; doch fährt er um so eifriger in seiner Arbeit fort.

Graf,

in ihrem Anschaun verlohren, für sich:

Wie mild und schön sie ist.

Kamilla.

Wo ist der Meister? Ist er gegenwärtig?

Marchese.

Er wollt' ein angefangnes Bild vollenden.

Kamilla.

Ihr laßt Euch keine Rast; kaum hab' ich Dich
Ans Herz gedrückt und ihm die Hand gereicht;
So eilt Ihr von mir weg zu Eurer Kunst,
Und doch hab' ich der Mutter Dank und Liebe
So lang und reich Euch aufgespart.

Leonhard.

O Mutter!

Ich ging ja nur von Dir zu Deinem Bilde

Und meine Augen flogen stets zurück,

Um Deine theuren Züge mir zu bringen.

Kamilla.

Ja! ja! Du sollst mich mahlen! daß kein Bild

In Eurer Ahnenreihe fehlen möge. — —

Nun wohl! — doch gieb mir halbgeschloßne Augen,

Als wagt ich in dem Kreis nicht aufzuschaun.

Graf.

Nicht aufzuschaun? Wo all' die edlen Frauen

Sich vor Euch neigend, Euch willkommen heißen?

Kamilla.

Ich bin ja blind! — Man hat mich einst gemahlt,

Mit offnen, seel'gen, halbverklärten Augen —

Das war ein kühnes, sündliches Beginnen.

Drum hat der Himmel sie mit Nacht bedeckt.
Die eitlen Lichter, die er ausgelöscht,
Darf auch Dein Pinsel nicht mehr leuch-
tend mahlen.

Leonhard.

O wären meine Lippen heiß genug,
Aufs Neu mit einem Kuß sie zu entzünden.

Kamilla.

Spar' ihnen sorgsam die geheime Glut,
Daß sie ein heilig Licht Dir einst entzünden
Und keine Flamme, die das Herz verzehrt.

Siebenter Auftritt.

Die Vorigen. Der Kastellan.

Kastellan.

Ein Bothe ist so eben an Herrn Burg
Mit Briefen aus Neapel angekommen.

Marchese.

Das ist der Kranich, der den Frühling bringt.
Schnell hin zu ihm! — begleite mich Lenardo.

Kamilla, steht auf.

Auch mich nehmt mit, daß ich ihn sprechen höre;
Er ruft auch mich!

Marchese.

Noch nicht! verweile hier.
Ich führ' ihn auf Dein Zimmer! Komm, mein Sohn!

Beide mit dem Kastellan ab.

Achter Auftritt.

Der Graf. Kamilla. Julie.
Der Mahler.

Graf.

Liebt Ihr die Stimme, die Euch von mir ruft? —
Und wollt Ihr folgen? — —

Kamilla.

Wenn der Winter schwindet,
Der, wie der Krieg, den fröhlichen Bewohnern
Des Hains die grünen Hütten niederriß,
Und grausam sie hinaus trieb in die Fremde,
Und wenn der Frühling, wie der goldne Friede
Zurück die Wandrer nach der Heimath ruft,
Wer soll nicht hören, nicht den Fittig breiten?

Graf.

Ist Euch nicht wohl in meinem Vaterlande?
Das Eures Sohnes künft'ges Erbe trägt?
Ist hier nicht seine Heimath und die Eure?

Kamilla.

Die meine nicht! — Dort stehen Jugendträume
Im goldnen Licht, und winken unablässig,
Und ziehn mich fort. Lenardo wird mir folgen.

Graf.

Euch lockt ein Traum? Bedarf das Herz nicht mehr?
Glaubt sichs nicht heimisch, wo es Liebe findet?

Kamilla.

Ich fühle Euren Vorwurf! Zürnt mir nicht!
Ich weiß, daß Eure liebe, treue Hand
So manche bittre Sorge abgewehrt, —
Ich werde sie vermissen, wo ich bin, —
Und doch —

Graf.

Und dennoch wollt Ihr mich verlassen?
Kennt Ihr ein Herz, das nur für Euch zu leben
Bereit ist, wie das meine, und zu sterben?

Kamilla.

Ihr habt die alte Sage wohl vernommen,
Von der Sibilla, die aus heißer Sehnsucht
Nach ihrem Vaterland nicht sterben konnte,
Wie auch der Tod gewaltig sie erfaßte,
Bis man aus Cumä eine Hand voll Erde
Herbei geschafft und ihr aufs Herz gelegt? —

Graf.

Sehnt Ihr Euch denn von hier? um dort zu sterben?

Kamilla.

Nein! sterben nicht, aufleben will ich dort!
Die Töne, Worte, sie verhallen schnell, —
Doch birgt die Luft sie noch in ihrem Schooß,
Und ihr geheimes Leben dauert fort;
Und wo wir der Erinn'rung nahe stehn,
Und süße Luft des Vaterlandes athmen,
Vernehmen wir die alten Worte wieder.
Wie sie nicht sterben konnte, bis der Boden,
Der sie erzogen, auf der Brust ihr lag,
Kann ich nicht leben, athm' ich nicht die Luft,
Die meines Glücks geheime Zeugin war.

Graf.

So tragt Ihr meine Hoffnung denn zu Grabe?
Einsiedler soll ich bleiben in den Hallen,
Die meiner Väter häuslich Glück gesehn,
Bis mir der Tod Gesellschaft leisten wird?

Kamilla.

Nein! mein geliebter Bruder, zieht mit mir;
Seyd Ihr mein Schutzgeist, Euch will ich vertrauen;

Vor Eurer reinen Seele soll mein Herz
Enthüllen alle die geheimsten Wünsche;
Nur, hört Ihr, Bruder, dann verdammt
mich nicht! —
Ich kann nicht sehn, ob Euer Blick mir zürnt,
Sagt mir ein freundlich Wort, wenn ich
geendet.

Graf.

Du Engelherz! nein! zürnen kann ich nicht!
O, könntest Du in meinen Augen lesen,
Du wüßtest mehr, als ich Dir sagen kann.

Kamilla.

So wißt denn! — Ach, ich hatte schon
geliebt! —
Geliebt, eh' Euer Bruder mich erkohr,
Mit aller Glut des jugendlichen Herzens!
Doch war ich ihm ein treu ergebnes Weib;
Er war ja Vater meines theuren Kindes.
Ich hab' ihn lang' beweint, doch meine
Thränen
Sie löschten wohl der Augen schwaches Licht.

Doch nimmer die geheime mächt'ge Flamme
Der ersten Liebe.

Der Mahler, der zuletzt immer gespannter zugehört, steht jetzt in großer Bewegung auf, und geht rasch bis an die Thür, um das Zimmer zu verlassen; Kamilla, wie sie die Tritte hört, fährt horchend auf.

Halt! ich höre Tritte!
Wer ists? Mir bebt ein Schauder durch die Brust! — —

Der Graf winkt dem Mahler zu bleiben und zu mahlen, dieser bleibt an der Thür stehn.

Julie.

Ich hörte nichts! Man fühlt ja wohl solch Grausen,
Das Sprüchwort sagt: der Tod läuft übers Grab.

Kamilla.

Nein! nein! — — Das waren nicht des Todes Schritte! —
Wars nicht sein wohlbekannter leichter Tritt,
Womit er durch den Kreuzgang zu mir eilte? — —

Ich kann nicht weilen! führt mich auf mein Zimmer —
Ich muß den Bothen aus Italien sprechen.

Sie eilt vom Grafen und Julien geführt ab.

Neunter Auftritt.

Der Mahler allein.

Er geht in Gedanken verlohren zur Staffelei zurück und betrachtet das Gemählde.

Welch eine Macht hat mir die Hand geführt? — —
Wegwischen wollt' ich nur den Staub der Zeit,
Die leichten Fältchen von dem schönen Bilde,
Und welche Züge lächeln jetzt mich an? — —
Wer hat zu dem Gemählde mir gesessen? —

Zum Bilde sprechend.

Der Name, der Dir auf den Lippen schwebt,
Sprich ihn nicht aus, längst ist er ja verhallt! —
Ihr Augen schaut mich nicht mit Sehnsucht an,
Weckt nicht die Wünsche, die ich längst begraben! —

Pause.

Es zieht mich hin zu Dir mit Allgewalt;
Erinn'rung naht mit ihren Liebesgrüßen!
„Es ist sein Tritt, der durch den Kreuzgang
hallt!“
Kamilla! Ja, Du bists — zu Deinen Füßen!

Er sinkt mit ausgebreiteten Armen vor dem Bilde nieder.

(Der Vorhang fällt.)

Dritter Aufzug.

Erster Auftritt.

Rittersaal.

An den Wänden die Bilder der Ahnen und verschiedene andere Schildereien. Zwischen ihnen ein verhangenes Bild, neben welchem ein leerer Raum. Der Saal ist mit Waffen-Schmuck decorirt.

Der Graf. Der Bothe aus Italien.

Graf.

Ihr habt verlangt, mich in geheim zu sprechen.
Hier im entlegnen Saal sind wir allein,

Auf die Gemählde zeigend.

Und diesen Zeugen dürft Ihr Euch vertraun.

Bothe.

Ich brachte reiche Bothschaft dem Marchese.
Mir waren Glück und Ehre aufgepackt,

Doch trug ich leicht die so gewicht'gen Gaben.
Vielleicht bring' ich für Euch den Wunder-
balsam,
Der Sorg' und Zweifel in dem Herzen heilt.

Graf.

Wie so? Wer hat Euch noch für mich
belastet? —

Bothe.

Der Kardinal, der Oheim des Marchese,
Hat mir ein Schreiben für Euch anvertraut,
Und wünscht Euch Glück zum fröhlichen
Gelingen.

Er giebt ihm einen Brief.

Graf.

Ein Schreiben mit des heil'gen Vaters
Siegel? —

Halb für sich.

Es kann nicht seyn! — Ihr dürft das Band
nicht lösen! — —
Nein! weis't mich streng zurück! — jetzt
nicht Gewährung!

Bothe.

Ist denn Gewährung lang' versagter Wünsche
Dem Herzen nicht das theuerste Geschenk?
Drum bracht' ich wohl das Wichtigste an Euch! —

Graf.

Glaubt Ihr? — — Wer weiß!

Bothe.

Erbrecht das Schreiben!

Graf,

aufhorchend und es verbergend.

Schweigt! —

Zweiter Auftritt.

Die Vorigen. Der Marchese. Leonhard. Der Kastellan.

Kastellan.

Hierher, mein theurer junger Herr! hierher!
Dies ist der lang' für Euch bewahrte Schatz.

Graf.

Was suchst Du, Alter?

Kastellan.

Gnäd'ger Herr, verzeiht,
's ist ja der Sohn des lieben Grafen Kurt!
Ach hättet Ihr mir's früher anvertraut,
Welch' theure Gäste wir bewirtheten,
Ich hätte — — Herr Marchese — junger
Herr!
Verzeiht dem alten Mann die finstre Miene.

Marchese.

Ich hab' es gern, wenn Diener ernsthaft sind!

Leonhard.

Hab' ich Dir Freundlichkeit nicht abge-
zwungen?

Marchese, zum Grafen.

Der Alte zog uns fort nach diesem Saale,
Des Vaters Bild will er dem Sohne zeigen,
Das, wie er spricht, er ihm allein gerettet.

Bothe.

Erlaubt! Ich habe einen Auftrag noch
Von Seiner Eminenz an Euch vergessen,
Des Vaters Bild erinnert mich daran:
Ihr, Herr Marchese, habt ihm angelegen,
Das allzutreue Bild des Grafen Nord
Alsbald vom Hochgerichte zu entfernen.
Doch ist ihm eine unbekannte Hand
Kurz nach des Grafen Tod zuvor gekommen,
Und hat das Bild vom Hochgericht gestohlen.

Kastellan.

Ist das ein Dieb, der nicht den Galgen scheut?

Graf,

zieht den Vorhang vom Bilde weg; auf den Kastellan zeigend.

Hier ist die treue Hand! und hier das Bild!

Leonhard.

Wie? dies Gemählde ist mein armer Vater? —

Marchese.

Bei Gott! er ist's! — mich schaudert vor dem Bilde!

Wie ist es von der Zeit so halb verlöscht,
Und dennoch sprechend ähnlich ihm geblieben,
Dem Schatten gleich, der seiner Gruft entsteigt.

Leonhard.

Ihr lieben, theuren, männlich schönen Züge!
Ihr seyd noch mehr zerstäubt, als dies Gemählde!

Marchese.

Wer hat ihm kühn den weiten Weg gezeigt,
Vom Hochgerichte bis zum Ahnensaal?

Graf zum Kastellan.

Du hast Dir diesen Augenblick verdient,
Erzähle selbst.

Leonhard.

Du? Du bist es gewesen?

Kastellan.

Ja, ich! ich war der treue Henkers-Knecht,
Der meinen Herrn vom Galgen abgenommen.

Marchese.

Laß hören! sprich! wie hast Du es gewagt?

Kastellan.

Auf diesen Armen hab' ich ihn getragen,
Den kleinen wilden Kurt, von Herzen gut;
Er hat sich oft um meinen Hals geschlungen,
Und wissen sollt' ich, daß sein Konterfei
Vom Galgen ernst und traurig niederschaute,
Wo Spott und Wetter ihm ins Antlitz schlug?
Ging ich durch diesen Saal, war mir's, als
spräche

Auf ein Bild zeigend.

Mein seel'ger Herr, des Grafen Vater dort:
„Was zögerst du? er war kein Hochverräther!
„Geh' mach' dich auf! das Bild herbei zu
schaffen!“
Und was mir auch mein seel'ger Herr befahl,
Erfüllt' ich stets, und brächt' es selbst den Tod.
Drum hatt' ich keine Ruh', ich schwor's
zu thun.
In Pilgertracht stahl ich mich nach Neapel. —
O Gott! da stand das kahle luft'ge Haus,

Worin den Grafen ich besuchen sollte. —
Da hing sein Bild! — — Vorsicht'ge Feindes-Hand
Hatt' es mit einem Schutzdach gar versehn,
Damit das Meisterwerk dem Wetter trotze.
Ich kaufte einen alt bespannten Rahmen,
In Mitternacht sucht' ich den Weg des Henkers;
Doch bei der Arbeit fiel des Mondes Strahl
Durch Wolkenspalten auf das Hochgericht —
Da war's, als wollte mich das Bild umarmen,
Als sprách's: „Ich habe lang' auf Dich gewartet!"
Ein Schauder fuhr mir kalt durch die Gebeine,
Daß ich die Leiter fast hinabgestürzt,
Ich wechselte die Bilder und entfloh!
So hab' ich denn dem seel'gen Grafen dort,
Des Sohnes Bild verstohlen heimgebracht,
Und Euch, mein junger Herr, gehört es nun!

Leonhard.

Du treuer Diener! komm an meine Brust

Die Henkersleiter war Dein Ehrenweg,
Der Galgen das Triumph = Thor Deiner
Treue!

Marchese.

Nur leider führtest Du zu spät es aus!

Kastellan.

Ich wußt' es früher nicht, sonst sollte ihn
Dies Bildniß sicher nicht verrathen haben.

Marchese.

O schändlicher Verrath! Der Bösewicht,
Der mit den kunstgeübten Schlangenaugen
Des Grafen Züge sorgsam aufgefaßt
Und sie im Feindesbusen treu bewahrt,
Um hämisch sie der Rache zu verrathen,
Kennt' ich ihn nur, ich wollte sein Gesicht
Mit bleicher Todesfarbe überziehn.

Graf.

Ich werd' ihn finden! überlaßt es mir!
Das öde Leben wird mir Zeit gewähren.

Und war er nicht blos fremder Rache feil,
Will ich zu strenger Rechenschaft ihn ziehn.

Kastellan.

Ihr seyd zu mild, Herr Graf! das taugt hier nicht!
Ich habe drüber Jahre lang gebrütet,
Wie ich ihn kennen will, und nicht umsonst.
Hab' ich den Weg zum Bilde hier gefunden,
Find' ich ihn auch zu dem, der es gemahlt.
Der nahe Friede öffnet uns die Welt.

Marchese, zum Kastellan.

Nicht Du, nicht ich! Wir beide sind zu alt,
Die Rache hätte dann nur kurzes Leben;

Auf Leonhard zeigend.

Hier steht der Baum, auf dem sie wachsen soll.

Bothe.

Auch Seine Eminenz sind tief empört
Und wollen ihre ganze Macht gebrauchen,
Den Mahler zu erforschen; denn solch Bild,
Mit diesem Fleiß und dieser Sicherheit

Zu mahlen, meinen sie, sei nur das Werk
Der schändlichsten Verrätherei, und da
Zu jener Zeit der Unruh' fremde Künstler
Nicht in Neapel gegenwärtig waren;
So müss' ein Eingeborner selbst dem Feinde
Die Kunst verhandelt haben, um dem Hasse
Der eignen Brust ein freies Feld zu schaffen.

Marchese.

Hörst Du, Lenardo, wie der Oheim denkt?
Du bist jetzt selbst ein Künstler, kannst deshalb
Den Meister leicht an seinem Werk erkennen,
Und so bist Du zur Rache ausersehn.
Schau Deines kühnen Vaters edle Züge,
Die hier die Schmach, und dort der Tod gebleicht,
Und schwör' uns Rache gegen den Verräther!

Kastellan.

Der alte seel'ge Graf dort winkt Euch! — schwört!

Graf.

Laßt ihn, was er dem Vater schuldig ist,
Wird er auch ohne Schwur vollbringen.

Marchese.

Gut!
Zum Angedenken dieser ernsten Stunde,
Die Dir des Vaters bleiches Bild gezeigt,
Und weil Dein Stand zu diesem Schmuck berechtigt,

Er nimmt von den vorräthigen Waffen einen Degen.

Umgürt' ich Dich, mein Sohn, mit diesem Degen!
Mit ihm leg' ich nun das Geschäft der Rache
In Deine Hand, wasch' unsre Ehre rein
Mit Feindes Blut!

Kastellan.

Ich steh' Euch treulich bei! —

Graf.

Doch prüfe, eh' Du rächst! Vertheidige
Die Unschuld, denn ihr Blut löscht keine Thräne

Von Deinem Schwert; sey Deines Herzens Sieger!
Wasch Deines Vaters Namen wieder rein
Durch edlen Sinn, doch triffst Du den Verräther,
Der ihn befleckt', zieh' ihn zur Rechenschaft,
Und, war er schuldig, halt' ein recht Gericht.

Marchese.

Versprichst Du dies?

Leonhard.

Ja! ich gelob' es Euch!
Ich will für meines Vaters Ehre streiten.

Bothe.

Jetzt darf ich gehn! Ich brachte reiche Botschaft
Und trage frohe Kunde wieder heim!

Marchese.

Laßt Euch vorher mit meinem Dank beschweren.
Lenardo, komm! wir wollen ihn begleiten.

Marchese, Lenardo, der Bothe ab.

Dritter Auftritt.

Der Graf. Der Kastellan.

Kastellan.

Ich will Euch das Geheimniß anvertraun,
Das mir des Raubthiers Fährte zeigen wird.
Das Mahlerzeichen steht dort an dem Bilde.

Graf.

Du altes, unversöhnlich hartes Herz!
Was hilft die Rache? sie erweckt ihn nicht!
Hätt' ich nicht damals unter Oestreichs Fahnen
Das Schwert geführt, es wäre nicht geschehn.

Kastellan.

Jetzt aber ists geschehn. Der Meuchelmord
Ist nicht so schändlich, 's ist ein einz'ger Stoß
In Haß und Wuth geführt, dann ist es aus.
Auch setzt er selbst sein Leben an die That,
Und das Gesetz verfolgt den blut'gen Mörder.

Allein der Mahler saß, und mahlt' und traf!
Besonnen brütet er die Schandthat aus
Und giebt die Brut dann in des Henkers Pflege,
Daß sie im luft'gen Käfig dort gedeihe,
Wo sie von fremder Ehr' und Leben fraß.
Er rühmt vielleicht sich drob, und kein Gesetz
Straft diesen Mord; drum straf ihn denn
die Rache.

Graf.

Aus Deinem Zorn erkenn' ich deine Treue.
Doch blinde Rach' ist eine blut'ge Wölfin,
Die ihrer eignen Mutter Leib zerfleischt,
Indeß sie selbst mit Reue schwanger geht.

Auf das Bild zeigend.

In meinen Adern strömt ja auch sein Blut;
Drum soll ihn würdig dieser Arm vertreten.
Beruh'ge Dich und laß mich jetzt allein.

Kastellan geht ab.

Vierter Auftritt.

Der Graf allein.

Er zieht das Schreiben aus dem Busen hervor, und betrachtet es lange schweigend.

Was bringst Du mir? verschwiegner stiller
Bothe! —
Vernehm ich Deine Worte? — oder nicht?
Bringst Du Verweigerung des heißen Wunsches? — —
Du kommst zu rechter Zeit, der Wunsch ist
todt! —
Wie? — oder bringst Du mir Gewährung
mit? —
Begnadigung, nachdem das Schwert gefallen? —

Er öffnet das Schreiben und schaudert zusammen.

Mein Gott! — es ist die Dispensation! — —
Du mächtig Wort, das alle Satzung lößt,
Das uns vor jedem Richterstuhl entsündigt,
Wie kraftlos stehst Du vor dem Herzen da!
In seinen unsichtbaren Tafeln sind

Von andrer Hand Gesetze eingeschrieben,
Die Du nicht lösen kannst mit Deiner Kraft.

Nach einer Pause.

Sie liebt mich nicht! — Nur Bruder bin ich ihr.
Sie baut auf mich, sie macht mich zum Vertrauten,
Der alten, wieder neu erwachten Liebe,
Und zeigt mir mein verlohrnes Paradies; —
So fahre hin, du süße Hoffnung! stirb!
Und wie die Mutter unterm schwarzen Kreuze
Des Kirchhofs ihren Liebling zwar begräbt,
Doch nimmer ihn vergißt, so will auch ich
Hier unterm Kreuz auf meiner Brust die Liebe
Begraben zwar, doch nimmer sie vergessen.

Pause.

Sie hat sich mir vertraut! Wohlan zum Sieg!
Ich weihe mich zum Ritter ihrer Liebe,
Und dieses schwere Opfer sey mein Schwur!

Er zerreißt die Dispensation und geht langsam ab.

Veränderung.

Fünfter Auftritt.

Gallerie mit einer offnen Aussicht auf das Schweitzer-Gebirge. Das Bild auf der Staffelei.

Der Mahler. Julie.

Julie.

Ich such' Euch auf! Ich muß Gewißheit haben;
Italien ist nicht Euer Vaterland,
Nicht Spinarosa Euer wahrer Name.

Mahler.

Ist denn ein Land, wo Geist und Herz erwachten,
Nicht unser Vaterland? Giebt Euch mein Name
Von unserm Leben nicht ein treues Bild?

Julie.

Auch dornenlose Blumen bringt der Lenz.
Sagt, habt Ihr nicht den Mahler Lenz gekannt?

Mahler.

Was nennt Ihr doch den längst vergeßnen
Namen?

Julie.

Glaubt er von jedem Herzen sich vergessen?
Sagt keine Hoffnung, wer ihm nahe sey? —

Mahler dringend.

Wer ist der Burg und seine blinde Tochter? —

Julie.

Der Friedensbothe aus Neapel hat
Die alten Namen wieder hergetragen,
So darf ich sie Euch nennen! Wißt, Herr
Burg —

Mahler einfallend.

Ist der Marchese di Sorrento —

Julie.

Ja!

Und seine blinde Tochter —

Mahler.

Ist Kamilla!

Julie.

Und Ihr der deutsche Mahler Anton Lenz!

Mahler.

Habt Ihr den armen Mahler denn gekannt?

Julie.

Wohl hab' ich ihn gekannt und auch erkannt!
Denkt Ihr der Freundin, die in jenem Kloster
Euch von Kamillen manches Wort gebracht?
Die Zeugin Eurer stillen Liebe war? —

Mahler.

Ha! Julie! — allein kein Graf vom Nord
War ihr Gemahl, ein andrer deutscher Name —

Julie.

Er hieß Graf Ringen, wollt Ihr sagen! Wohl,

Dies Haus nennt sich die Grafen Nord von Ringen.

Mahler.

Sie ists, mein liebend Herz hat sie erkannt!
Im ersten Augenblick, als ich sie sah,
Schlugs ahnungsvoll, allein ich traut' ihm nicht,
Ich kannte ja das leicht getäuschte Herz,
Das jede nur entfernte Aehnlichkeit
Erspähte, sorgsam überall erlauschte.
Es deckte Stirn und Auge noch die Binde,
Ich konnte nur die zarten Lippen sehn,
Die leise bebten, als sie mich begrüßte
In deutscher Sprache, die sie sonst nicht kannte.
Da saß ich endlich vor der Staffelei,
Dem Bild der Mutter Jugendglanz zu geben.
Die Binde sinkt, — das nachtumflorte Auge
Ruht unbewußt, und doch im Glanz der Liebe
Auf mich. — Mit jedem Pinselstrich entsteht

Ein neuer Zug, der mich mit Liebe grüßt. — —
Was Zeit an dem Original geändert,
Giebt mir das Bild, und was dem Bilde fehlt,
Das Köstlichste, gewährt das Urbild mir.
Sie ists! ruft laut mein Herz: was zweifelst Du? —
Da hör' ich ihr Geständniß früher Liebe, —
Ergriffen will ich aus dem Zimmer eilen — —
Allein sie kennt den leichten leisen Tritt,
Womit die Liebe durch den Kreuzgang eilte. —
Und niederzieht mich's vor das Engelbild.
O sagt! liebt sie den armen Mahler noch? —

Julie.

Bevor ich Antwort Euch darauf gewähre,
Muß ich erst wissen, wie es um Euch steht.
Es liegen sechszehn lange Jahr' dazwischen; —
Ihr habt die Welt in anderm Glanz gesehn; —
Der Jüngling ward ein hochberühmter Meister;
Was kümmert ihn die erste Liebe noch?
Der Zufall nur zeigt sie ihm noch einmahl.

Mahler.

Was hab' ich denn verschuldet, daß Ihr mich
Mit solchem wermuthbittern Gruß empfangt?

Julie.

Ich nehm' ihn gern zurück, doch ich verlange
Von Eurem Leben erst getreue Kunde.

Mahler.

Ihr kennt die heil'ge, die bescheid'ne Liebe,
Die für Kamillen meine Brust erfüllte;
So hoffnungslos und doch so fest und treu!
Ihr wißt, wie ich ihr Lebewohl! gesagt. —
O wär' ich damals ruhig fortgewandert! —
Allein noch einmal sehen wollt' ich sie,
Als Braut sie sehn, mit ihrem Bräutigam,
Und zu der Trauung meinen Segen sprechen. —
Da ließ ein ungenannter fremder Graf,
Durch seinen Diener mich zu sich entbieten,
Daß ich ihn mahlen sollte. Es geschah.
Er hatte einen hohen Preis verheißen,
Den ich zum Reisegelde mir bestimmt.

Das Bild gelang. — Ich war mit mir zufrieden. —
Allein, mit einer stolzen Kenner-Miene
Begann der Graf mein schönes Werk zu tadeln,
Und sagte lächelnd: „Wär' es Euch gelungen,
„Ihr hättet auch die Gräfin mahlen sollen;
„Allein, solch' einem Stümper sitzt sie nicht!
„Verzieht, sie mag Euch selbst ihr Urtheil sagen!“
Und hiermit ging er in sein Kabinett. —
Doch mit ihm trat heraus — o Gott! Kamilla!
Ich war vernichtet, — weinend stand auch sie — —
Er aber sah' uns höhnisch lächelnd an,
Und sprach zu ihr: „Nicht wahr, mein Kind, der Knabe
„Muß länger erst noch in die Schule gehn,
„Eh er an solches Werk sich wagen darf!
„Das Bild ist schlecht, doch halt' ich mein Versprechen.
„Nehmt diesen Beutel voll Zechinen hin,
„Und kehrt zurück in Euer Vaterland!“

Julie.

Er war ein rauher, unbarmherz'ger Mann,
Und Eure Liebe sicher ihm verrathen.

Mahler.

Ich glühte! — faßte krampfhaft nach dem
Degen.
Doch war er ihr Gemahl — sie stand in
Thränen. —
Da warf ich stolz das Geld ihm vor die Füße,
Stieß das Gemählde von der Staffelei —,
Und eilte fort — er lachte hinterdrein!

Julie.

Er hat sein eignes Schicksal sich bereitet, —
Ich sehe, wie die Nemesis gewaltet. —

Mahler.

Mein Meister trieb mich aus Neapel fort.
Hier, sprach er, lauern Dolche nur auf Dich.
Besuch' die Welt! — die Kunst wird Dich
geleiten. —

Ich zog hinaus — dem raschen Strome
gleich,
Der sich durch Hain und Flur und Thäler
windet,
In seinem Spiegel wechseln tausend Bilder,
Indeß er nur das eine Bild, der Sonne,
Die ihn von seiner Quelle an erwärmt,
Treu mit sich fort hinab ins Weltmeer trägt.
So bin ich ganz Europa fast durchwandert.
Wo nur die Kunst sich ein Asyl erbaut,
Wo sie ein herrlich Denkmal aufgestellt,
Ich hab's auf meiner Pilgerfahrt besucht.
Auch ist mir manches Kunstwerk selbst ge-
lungen, —
Denn allen Idealen, die dem Künstler
In der Begeist'rung vor die Seele traten,
Lieh die Geliebte ihre Engelszüge:
Der beiden Grachen stolz beglückte Mutter,
Der Engel an der Gruft des Auferstandenen,
Selbst der Gebenedeihten heilig Bild,
Kamilla wars, verklärt von meiner Liebe.
Nur ihr verdank' ich meinen Künstler-Ruhm.
Sogar der Pabst ließ mich nach Rom berufen,

Er übertrug mir manches große Werk
Und reichte königlichen Lohn dafür;
Der arme Künstler ward ein reicher Mann —
Allein das Herz blieb nur an Sehnsucht reich.

Julie.

Zog sie Euch nach Neapel nicht zurück?

Mahler.

Wohl! doch erfuhr ich, da geheim ich forschte,
Daß alle, in dem Lauf des Kriegs, Neapel
Als Flüchtige verlassen haben sollten;
Selbst von Verschwörung wollte man erzählen.

Julie.

Nur allzuwahr ist, was man Euch gesagt.
Verschwörung trieb uns aus der Heimath fort,
Und kostete dem Grafen selbst das Leben.
Auch der Marchese hat es hart gebüßt,
Und oft bereut, daß er die Tochter zwang.
Wir haben sechszehn lange Jahr gelitten,
Und oft an Euch gedacht, auf Euch gehofft.

Mahler.

Wie konnt' ich ahnen, daß die blinde Mutter
Des Knaben Leonhard, Kamilla sey?

Julie.

Wie konnten wir den deutschen Mahler Lenz
In Meister Spinarosa wiederfinden?

Mahler.

Den deutschen Namen hatt' ich längst begraben,
Damit er nicht, ein störendes Gespenst,
Ihr Herz aus seiner Ruhe scheuchen möge;
Allein des Himmels unerforschter Wille
Geheim und liebend webt er fest're Bande.
Denn wie der West den zarten Blüthenstaub,
Als Bothen einer fernen stillen Liebe
Aus einer Blume in die andre trägt,
So führt' des Schicksals Sturm den holden Knaben
Von ihrem Herzen zu dem meinen hin.
O nun begreif' ich, welche Allgewalt
Mich zu ihm zog, welch ungenannter Zauber

Aus seinen Zügen mir entgegen strahlte.
Auch in dem Sohne hab' ich sie geliebt.

Julie.

Wie aber jetzt? Da Ihr sie wiederfindet?
Es ist nicht mehr die frische Morgenrose!
Die Sorgen haben ihre Flocken Schnee
Auf den Karmin der Wangen hingestreut.

Mahler.

O! ist sie nicht noch schön? Hat nicht der Kummer
Noch neue zart're Reize ihr verliehn?

Julie.

Auch denkt an ihre nachtumhüllten Augen.
Der schwarze Staar hat drinn sein Nest gebaut.

Mahler.

Gönnt doch dem Auge diese heil'ge Nacht!
Es sieht die schwere Spur der Zeiten nicht,
Nicht wie der Frühling schon dem Sommer weicht,

Nicht wie die Wangen leise sich mir falten
Und wie der Winter uns beschleichen wird.
In ew'ger Jugend blüht ihr der Geliebte,
In ew'ger Jugend führt er sie zum Grabe,
Des Greises Todeskampf bleibt ihr verhüllt,
Der Jüngling nur entschläft im Arm der Braut,
Und weckt am Morgen nach der langen Nacht,
In ew'ger Jugend die Geliebte wieder!

Julie.

Ihr liebt sie treu! des Jünglings heiße Liebe,
Ich finde sie noch in des Mannes Brust.
Willkommen denn! doch was wollt Ihr beginnen? —

Mahler.

O sagt mir erst: Liebt mich Kamilla noch?

Julie.

Und wenn sie Euch nun liebte?

Mahler.

Dann entsteigt

Von Lieb' und süßen Hoffnungen geweckt
Der Mahler Lenz noch einmahl seinem Grabe,
Und wirbt bei dem Marches' um seine Tochter.

Julie.

Kennt Ihr des Mannes ungemeßnen Stolz?

Mahler.

Hat noch das Schicksal nicht den Stolz gezügelt? —
Hat auf der Tochter unschuldsvolles Haupt
Er denn des Grams noch nicht genug gehäuft?
Wohlan, ich trete mit ihm in die Schranken:
Als Meister acht' ich mich ihm ebenbürtig;
Mein Name ist berühmter als der Seine;
Auf seine Schätze thu' ich gern Verzicht,
Das einz'ge Kleinod fordr' ich nur, Kamillen!

Julie.

So geht mit Gott und dreist den Weg zum Ziel!
Führt durch Kamilla's schwarz umzog'ne Nacht

Den Stern der Liebe wieder klar herauf.
Auch ihre Liebe ist noch jung und stark!

Mahler.

Laßt mich sie sehen! laßt mich vor ihr knieen,
Auf jedes ihrer Worte lauschen.

Julie.

Jetzt?
Ihr wollet, Freund, schon jetzt Euch ihr entdecken?

Mahler.

Nein, jetzt noch nicht! Vertritt mir aber Keiner
Den Weg zu ihrem Herzen mehr, hab' ich
Von ihren Lippen, ohne daß sie's weiß,
Der Liebe süß Geständniß erst vernommen,
Dann führe mich, Du treue Freundin, selbst
An ihre Brust.

Julie.

Wohlan! Ihr sollt sie sehn.
In dieser Gallerie verweilt sie gern,

Sobald der Abend in die Thäler steigt,
Das Alphorn hier, die Glocken zu vernehmen;
Und hier soll sie Euch sitzen; dann, mein Freund,
Versäumt nicht Euer Werk, es ist die erste
Der Stufen zu des kalten Vaters Herzen.

Mahler.

Ich will sie kühn erklimmen, wie der Pilger
Die Klipp' ersteigt, auf der ein Heil'genbild
Ihm winkt. — Seyd Ihr der Schutzgeist unsrer Liebe.

Julie.

Ich will es seyn! Doch fort! ich höre nahn!
Ab.

Sechster Auftritt.

Der Mahler. Leonhard im Degen.

Leonhard.

Mein Meister, weißt Du's schon?

Mahler.

Ja! ich weiß alles!
Sey mir gegrüßt Du junger Graf vom Nord!
Der Waffenschmuck Dir wirklich trefflich steht!

Leonhard bittend.

O heiß mich Deinen Sohn! und spotte nicht!

Mahler.

Du bist mein Sohn! ich will Dein Vater bleiben!
Du ahnest kaum, aus welchen starken Fäden
Das Schicksal in geheim dies Band gewebt.
Komm an mein Herz, Du Ebenbild der Mutter!
Das Glück hat Dich zum Liebling sich erkoren!

Leonhard.

Noch kann ich seiner kaum mich recht erfreun;
Mir ist's so fremd' in dieser neuen Welt!
Der Weg des Lebens, der so schmal und still
Zum Schattenthale meiner Heimath führte,

Hat sich zur breiten Straße ausgedehnt.
Die Hütte hat sich in ein Schloß verwandelt,
Der arme Knabe ist ein Graf geworden,
Von dem man vieles heischt, was er kaum
faßt.

Mahler.

Du wirst Dich leicht an diese Welt gewöhnen,
Des Schicksals Gaben, nimm sie dankbar;
doch
Vergiß des armen Knaben nie, er bleibe
Des reichen Grafen Freund, berathe Dich
Mit ihm oft in geheim, und was Ihr
beide
Für Recht erkennt, das übe treu, mein Sohn.

Leonhard.

Auf Dich vertrau' ich, Du nur kennst mein
Herz.
Die Menschen hier bestürmen mein Gemüth';
Der Leidenschaften Ruf soll ich vernehmen,
Und ihnen folgen; Vater, darf ich das?

Mahler.

Taub sollst Du nicht für ihre Stimme seyn.
Die Leidenschaft wohnt in des Menschen Brust,
Auf daß sie ihn zu großen Thaten wecke.
Allein nur wecken darf sie ihn, nicht leiten,
Den Muth nur stählen, nicht das Werk vollbringen.

Leonhard.

Wie aber, wenn die Rache Dich erweckte?
Vermöchtest Du, was sie verlangt, zu thun?

Mahler.

Wie kommst Du auf die Frage, Leonhard?
Ich glaube, nein! — doch nenne mir den Fall.

Leonhard.

Dein letztes Werk, das Dir den Preis errang,
War Clytemnestra's und Aegisthus Tod.
Orest hat den verbrecherischen Busen,

Der ihn gesäugt, schon mit dem Dolch durch-
bohrt;
Die Mutter liegt im Hintergrund ermordet,
Und mit dem Stahl von ihrem Blute triefend,
Hält über ihren Buhlen er Gericht! —
Ein herrlich Bild, voll Wahrheit, Kraft
und Leben,
Doch sah' ich's immer mit geheimem Graun,
Denn Rachegeister blitzen durch das Bild,
Und jagen Todesschrecken vor sich her. —
Es rächt der Sohn des edlen Vaters Tod.
Sprich, billigst Du die That, die Du
gemahlt? —

Mahler.

Erdacht hab' ich sie nicht, es ist geschehn;
Vielleicht viel gräßlicher, als ich sie mahlte;
Und wechselnde Gefühle haben mir
Den Busen bei der Arbeit oft erfüllt.
Ich hätte dem Orest zurufen mögen:
Halt ein! den Göttern nur gehört die Rache!
Dagegen dem Aegisth, der Clytemnestra:
Gerechtes Urtheil ist an Euch vollzogen!

Leonhard.

Hast Du des Sohnes blut'ge That verdammt?

Mahler.

Verdammt? nein! zwar verabscheu' ich die Rache,
Doch mag der Sohn des Vaters Tod wohl rächen!
Er fordere den Mörder vor Gericht,
Und ist kein Richter über ihm, wohlan,
So stell' er sich denn selbst zum Gotteskampf.

Leonhard.

Ich danke Dir! Du giebst mir Muth und Ruhe.

Mahler.

Was hast Du, Leonhard?

Leonhard.

Fort von dem Bilde! —
Die innern Wogen müssen erst sich stillen!

Siebenter Auftritt.

Die Vorigen. Der Graf.

Graf.

Find' ich Euch endlich? — Hast Du an die Brust
Des Meisters Dein bewegtes Herz gelegt?
Und ihn vertraut gemacht mit Deinem Schicksal?

Leonhard.

Es ruht noch gern das Kind am Mutterbusen,
Wenns auch nicht Nahrung mehr von ihm empfängt.

Graf.

Ja, haltet an einander fest! — Mein Herz
Erquickt sich an dem Anschaun Eurer Liebe!

Aufwachsen wird sie bald zur Freundschaft,
und
Auch mir das geben, was ich freudig biethe.

Zu Leonhard.

Jetzt geh' mein Sohn, such' den Marchese
auf;
Er wünschte einen Ritt mit uns ins Freie.
Sag' ihm, die Rosse stehen schon bereit,
Die kühlen Stunden nahn.

Leonhard.

O nehmt mich mit! —
Schaut wie die Berge dort im Golde stehn! —
Wie sie der Ströme Silberarm' umfassen! —
Hinaus zu ihnen, mit der vollen Brust.

Ab.

Achter Auftritt.

Der Graf. Der Mahler.

Graf.

Ihr habt den schönsten Platz des Schlosses Euch
Zur Werkstatt ausgewählt, — doch ziehet nicht
Die Aussicht hier Euch von der Arbeit ab? —

Mahler.

Sie stört mich nicht, wär' sie auch schöner noch.
Blickt nur einmal hinab in jene Thäler,
Faßt alle Reitze jener Landschaft auf,
Gebt Euch der Sehnsucht hin, mit leichten Schwingen
Dem Vogel gleich, weit, weit hinaus zu ziehn. — —
Und tretet nun mit mir vor dies Gemählde:
Schaut Ihr nicht lieber in dies Engel-Antlitz?

Sehnt Ihr Euch einzuziehn in dieses Herz,
Nicht mehr, als mit dem Vogel dort hinaus?

Graf, das Bild betrachtend.

Ach, wohl! Welch himmlisch Bild habt Ihr
erschaffen!

Zu dem Bilde sprechend.

Du wirst mich oftmals vor Dir stehen sehn,
Dir werd' ich manchen stillen Wunsch ver-
traun,
Bei Dir Trost suchen, wenn mir alles fehlt;
Zulächeln wirst Du dann dem Einsamen,
Und glauben will ich, daß Du mich verstehst.

Zum Mahler.

Mein Freund, nehmt meinen Dank! Ihr
gebt mir viel!

Mahler.

O, wer das Urbild kennet, so wie Ihr,
Muß Nachsicht mit den armen Farben haben.

Graf.

Das Bild allein wird bei mir bleiben! Ach!

Sie selbst will wieder nach Italien hin. —
Ich träumte einen schönen Traum, ich sah
In diese öden Hallen frohe Gäste
Einwandern — — ach! ich habe nur geträumt.
Ihr habt mir auch die Bruderhand gereicht, —
Doch was beschließt Ihr jetzt? Wo wollt Ihr bleiben?

Mahler.

Der Sohn wird nicht von seiner Mutter lassen,
Ich darf nicht lassen von dem Sohn.

Graf.

So geht!
Und haltet fest an Beiden; achtet nicht
Den Stolz des Vaters; wacht ob ihrem Glücke.
Sie werden Eurer dort bedürfen! — Ja
Ich stellte Euch zum Wächter über sie,
Bis mir's gelingt, das Glück ihr selbst zu bringen.

Mahler.

Gewiß, Ihr tragt ein schönes Amt mir auf!
Doch übernehmt es selbst, denn wer ersetzte
Uns Eure Freundschaft, Eure Sorge?

Graf.

Ich muß hinaus — auf eine weite Reise,
Um ein Gelübde zu erfüllen! Denn
Ein Kleinod will ich suchen, einen Stern
Für eines theuren Wesens tiefe Nacht;
Ich muß die Welt durchziehn, bis ich ihn finde,
Wenn nicht vielleicht er längst schon unterging. —
Seyd Ihr nicht auch des Solimena Schüler?

Mahler.

Er war mein Meister!

Graf.

Nun dann könnt Ihr wohl
Von seinen andern Schülern Nachricht geben?

Mahler.

Von wem verlangt Ihr Kunde?

Graf.

Habt Ihr nicht
Den deutschen Künstler Anton Lenz gekannt? —

Mahler.

Was fragt Ihr nach dem Namen? —

Graf.

Laßt das jetzt.
Ich bitt' Euch, gebt mir Antwort auf die Frage.

Mahler.

Nun ja! ich kannt' ihn! ja, wir waren Freunde.

Graf.

Stand er als Mensch in Eurer Achtung hoch?
Habt Ihr ihn Eurer Liebe werth gehalten,
Und hättet Ihr ihm Euer Glück vertraut?

Mahler.

Trotz mancher Schwachheit hätt' ich ihm vertraut!
Sein Herz war unverdorben, wahr und treu!

Graf.

Treu? — Habt Ihr offen stets darin gelesen? —
O denkt nur nicht, daß ich mich unberufen
In ein Geheimniß dränge! mein Gelübde
Giebt mir gewiß ein heilig Recht darauf!

Mahler.

Ich glaub', er würde selbst Euch gern vertraun!
Er hatte eine hoffnungslose Liebe! —

Graf.

Ganz hoffnungslos? — Dann hat er sie vergessen.
Des Künstlers Auge sucht die Schönheit auf,

Das Herz nimmt freudig, was das Auge bringt,
Doch solche Jugendliebe schwindet leicht. —

Mahler.

Glaubt Ihr das wirklich? Habt Ihr's selbst erfahren? —

Graf.

Fragt nicht nach mir! — Wen keine Regel bindet,
Der wirft das Hoffnungslose leichter hin,
Und sucht in neuer Liebe neues Glück.
Vielleicht ist Euer Freund schon Gatte, — Vater?

Mahler.

Nein, einsam steht er noch. Der ersten Liebe,
Wie hoffnungslos sie war, er blieb ihr treu. —

Graf.

Treu? — Dann will ich die Hoffnung wiederbringen:

An meiner Brust hab' ich das Findelkind
Erwärmt, und es mit treuer Lieb' erzogen;
Er soll es jetzt aus meiner Hand empfangen.
Wo lebt er? Kennt Ihr seinen Aufent-
halt? —

Mahler.

Ich glaub', in Deutschland.

Graf.

Wollt Ihr mich begleiten?

Mahler.

Was wollt Ihr thun?

Graf.

Aufsuchen will ich ihn.

Mahler.

Und wenn Ihr ihn gefunden?

Graf.

Ihm das Glück
Entgegen führen, wenn er treu geliebt!

Mahler.

O reicht die Hand! als stünd' er hier vor Euch!
Als wollt' er sich in Eure Arme werfen,
Und satt sich weinen nach der langen Prüfung.

Der Graf reicht ihm abgewendet die Hand, und verdeckt mit der andern die Augen.

Neunter Auftritt.

Die Vorigen. Der Marchese. Leonhard.

Marchese.

Wohlauf ins Freie, Graf! — ich bin bereit!
Wie sehn' ich mich, die Zügel zu erfassen,
Und mich der Kraft des Rosses zu vertraun.
Auch mögen Eure Unterthanen uns
In unsrer wirklichen Gestalt erkennen.

Leonhard.

Du wirst uns doch begleiten, lieber Meister?

Graf.

Ja, kommt mit uns hinaus! Ihr sollt sie
sehn
Die frohen Menschen und die schönen Gauen,
Das künft'ge Erbe unsers Leonhard.

Marchese.

Ihr schweigt bescheiden? Willigt immer ein,
Denn Ihr gehört zu unserem Gefolge. —
Ihr wißt bereits doch, wen Ihr vor Euch
seht? —
Und welchen Edelknaben Ihr erzogen? —

Mahler.

Daß er ein edler Knabe, wußt' ich längst.
Der Meister, der dem Schüler Glück gewünscht,
Bringt auch dem Vater seinen Glückwunsch
dar.

Marchese.

Ich dank' Euch, und gedenke Eurer Kunst
Gewiß noch manches Werk zu übertragen.

Mahler.

Daß ich das Uebernomm'ne bald vollende,
Erlaubt, daß ich Euch nicht begleiten dürfe.
Die Gräfin soll in dieser Gallerie,
Wo sie die Abendstunden gern genießt,
Zum letzten mahl mir sitzen.

Marchese.

Nun, dann bleibt!
Doch laßt das Bild mich sehn! —

Er betrachtet es.

Bei Gott! Ihr seyd
Ein großer Künstler! — sprechend wahr gemahlt!
Und welche Farbenpracht und Lieblichkeit
Ist über dem Gemählde ausgegossen!

Mahler.

Ich habe nichts gethan, als treu kopirt!

Marchese.

Nein, Ihr habt mehr gethan! Seht nur die Augen!

Der seelenvolle Blick, ihr sonst so eigen,
Die stille Gluth, dem Regenbogen gleich,
Wenn er auf klaren Himmelstropfen schwimmt,
Wie habt Ihr sie so treu und wahr erdacht!
Wer sollte glauben, daß Ihr diese Augen;
Noch nie gesehn, eh' sie erloschen sind?
Ich dank' Euch für das köstliche Gemählde!
Verlangt, ich will Euch jeden Preis gewähren.

Mahler.

Wollt Ihr? — Ich aber könnte viel verlangen!

Marchese.

Auf, fordert nur! Es sey mir nichts zu hoch!

Mahler.

Laßt mich es erst vollenden, — dann den Lohn!

Leonhard.

Die Pferde warten, Vater!

Marchese.

Wohl! so kommt!
Auch seh' ich meine Tochter auf dem Gange;
Wir woll'n ihr dort begegnen, daß sie nicht
Des Meisters Gegenwart hier ahnen möge.

Alle, bis auf den Mahler, ab.

Zehnter Auftritt.

Der Mahler allein.

Zieht ein, ihr Himmelsbothen in dies Herz!
Bringt neuen Frühling nach dem langen
Winter!
Singt wieder Eure alten Liebeslieder!
Und Du, der Liebe treue Freundin, Kunst,
Vollende hier Dein Meisterwerk und gieb
Der Liebe wieder, was sie Dir gegeben.

Gegen die freie Aussicht gewendet.

Vertreibt die Wolken von der ernsten Stirne
Und schaut mir zu, ihr himmelhohen Berge!
In allen euren blumenreichen Thälern

Hat solche Blume nie geblüht — doch still!
Sie naht! — Ihr Lippen schweigt! —
Herz, klopfe leiser!

Er setzt sich an die Staffelei.

Eilfter Auftritt.

Der Mahler. Kamilla. Julie.

Kamilla.

Wer auch ein flüchtig Roß besteigen könnte! —
Hinaus zu eilen in den goldnen Tag,
Um Dich, in deiner Schöne, o Natur,
Mit seinen Blicken liebend zu umfassen! — —
Ach, Millionen Augen schauen dich — —
Der Strom, der See, trägt fröhlich deine Bilder,
Nur mir bist du verhüllt! — Die heissen Lippen,
Die sich am Quell des Lichts erlaben möchten,
Von Thränen werden sie nur still genetzt. —
Kannst Du die Reiter sehn? —

Julie.

Sie beugen eben
Im flüchtigen Gallopp rechts in das Thal.

Kamilla.

Siehst Du den Mahler auch? Versteht er gut
Das Roß zu führen? — Ist er nicht der Letzte?

Julie.

Die Felsengruppe deckt sie meinen Blicken.

Kamilla.

Nimm mir die Binde von den Augen weg!
Ich fühl's, die Luft wird kühler, sie erquickt!

Es geschieht.

Ermüde nicht, wenn ich so viel Dich frage,
Doch Deine Augen müssen für mich sehn,
Und nur aus Deinen lieben klaren Worten
Faß' ich die neuen Lebensbilder auf.

Julie.

Was Dir mein Auge, ist mir ja Dein Geist;
Ich ziehe Dir nur von der Außenwelt,
Du von der innern mir den Schleier weg.

Kamilla.

Du hast von meinem Sohn ein treues Bild
Mir schon entworfen; doch von seinem Meister
Wünscht' ich es auch. Ist von Gestalt er groß?

Julie.

Ja schlank und groß!

Kamilla.

Ist nicht sein Auge blau?

Julie.

Ich glaube, ja! Es trägt der Treue Farbe.

Kamilla.

Die Stirne klar und frei!

Julie.

Die Stirne? Nein!
Mir scheint ein düstrer Ernst darauf zu wohnen.

Kamilla.

Vielleicht der Kummer!

Julie.

Ja, ich weiß es nicht,
Was auf der glatten Fläche Furchen zog.

Kamilla.

Umwallen blonde Locken nicht das Haupt?

Julie.

Nein!

Kamilla.

Nicht? — Sahst Du die Wang' ihm nicht erglühn,
Als er die Blinde sah' und mit ihr sprach?

Julie.

Daß ich nicht wüßte!

Kamilla.

Ach, er ist es nicht!

Julie.

Glaubst Du, Du hättest früher ihn gekannt? —

Kamilla.

Mir war's, als brächte seiner Stimme Ton
Aus vor'ger Zeit mir einen süßen Gruß,
Als ich nur meine Muttersprache kannte.
Sind seine Züge Dir denn völlig fremd'?

Julie.

Warum? Wem meinst Du, daß er gleichen sollte? —

Kamilla.

Julie, ich will es Dir gestehn,
In meiner Seele steht ein einz'ges Bild,

So klar, daß ich es oft mir nahe glaube.
Die frohe Bothschaft aus Italien,
Des Meisters Nähe, der mein Kind erzog,
Sie haben Sehnsucht und Erinnerung
So mächtig aufgeweckt, daß ich
Jetzt schon zu hoffen und zu wünschen wage.

Julie.

Wer weiß, wie nahe die Erfüllung steht.
O nenne Deine Hoffnung, Deine Wünsche!

Kamilla.

Kannst Du noch fragen? Denkst Du nicht der Zeit,
Als ein Geheimniß unsre Freundschaft schloß,
Und Deine Treu zuerst mir offenbarte? —

Julie.

Es war die Zeit des stillen Klosterlebens
Und das Geheimniß, Deine erste Liebe!

Kamilla.

Sie ist noch meine erste, einz'ge Liebe! —

Der deutsche Jüngling mit den treuen Augen,
Die mehr, als der bescheidne Mund mir sagten,
Die hohe, blühende Gestalt, das Herz
So fromm, so rein, so einzig mir ergeben,
Wie hätt' ich's je vergessen können? — Ach,
Die erste Liebe ist noch immer neu;
Ein täuschend Echo, steht sie oft mir nahe! — —
Als ich zuerst den Meister sprechen hörte,
Da glaubt' ich fast, es wäre seine Stimme.
Mit Herzensklopfen horcht' ich, ob er nicht
Nur einmal meinen Namen nennen möchte,
Dies einz'ge Wort hätt' ihn mir gleich verrathen —
Er ist es nicht! Ich bin ein thöricht Kind.

Julie.

Erschließe Dich mir ganz, Du kindlich Herz!

Kamilla.

Ich werd' ihn nicht mehr sehn! — Doch dürft' ich nur

Noch einmal seiner Stimme Klang ver-
nehmen,
Nur wissen, ob er auch noch meiner denkt?
Sieh', deshalb treibt mich's nach Italien
fort; —
Der Friede zieht die Künstler wieder hin,
Vielleicht besucht auch er den alten Meister,
Auch er den Ort noch einmal, wo er liebte.

Julie.

Und bringt Dir seine Lieb' und Treue wieder.

Kamilla.

Was sagst Du? — Nein! — Nein! —
er soll nicht um mich
Sein schönes Leben still vertrauert haben.

Julie.

Du wünschest den Geliebten nicht mehr frei,
Da Deine Banden selbst der Tod gelößt? —

Kamilla.

Ach Julie! wie kann die arme Blinde
Dem Lebensfrohen Glück bereiten wollen?

Wie kann ich wünschen, daß durch meine Nacht
Er seinen heitern Tag verdunkeln solle?

Julie.

Wenn aber nur in Dir sein Glück beruhte,
Wenn mit der alten Liebe er Dir nahte,
Und heißverlangend Dich bei Namen riefe?
Wie? — könntest Du Dich zweifelnd von ihm wenden? —

Kamilla.

O Gott! warum bestürmst Du mir das Herz!
Es schlägt so hoch, als stünd' er schon mir nahe. —
Doch horch! wer ruft? Vernahmst Du nicht den Ton?

Julie.

Das Alphorn ruft, die Heerden ziehen heim,
Die Sonne senkt sich hinter die Gebirge.

Das Alphorn tönt einigemal aus der Ferne.

Kamilla.

Der Ruf zur Heimath tönt, der Abend
naht! —
O Du, der allen Wesen Frieden bringt,
Gieb ihn auch meiner tiefbewegten Seele! —
Geh' Julie, hol' meine traute Harfe —
O dem Gefühl, das keine Sprache nennt,
Dem geben Töne ihre Geisterworte.

Julie ab.

Zwölfter Auftritt.

Kamilla. Der Mahler.

Man hört aus dem Thale herauf das ferne Abendlauten.

Kamilla,

nach einer Pause, in welcher sie aufzuhorchen scheint.

Des Tages Fackel seh' ich nicht verglimmen;
Verhüllt ist mir des Abends ros'ger Duft;
Doch ich vernehme seine Glockenstimmen,
Womit er Geist und Herz zur Heimath ruft;
Den Geist trägt Andacht heim auf ihren
Schwingen,

Doch Liebe will das Herz zur Heimath
bringen. — —
Ich hab' Euch gesehn, Ihr schönen
Gebilde,
Eh' noch mich die ewige Nacht umfing,
Wo durch die thaubeperlten Gefilde
Der Abend mit leisen Tritten ging,
Da eilte der müde Landmann ge-
schwinder,
Je mehr ihm die friedliche Hütte sich
naht',
Wo ihm im Kreise blühender Kinder,
Die liebende Hausfrau entgegen trat,
Und alle während dem Abendlauten,
Sich im Gebet dem Herrn vertrauten. —

Nach einer kurzen Pause.

Antonio, auf welchen fernen Wegen,
Führt Dich der Abend jetzo heim ins
Thal? —
Wer tritt aus Deiner Hütte Dir ent-
gegen? —
Wer würzt mit Liebe Dir das kleine
Mahl? —

Erscheint Dir nicht, wenn Sehnsucht Dich erfüllt,
Der armen trauernden Kamilla Bild,
Die Dich nur sieht in ihrer tiefen Nacht?

Der Mahler ist leise auf die Kniee gesunken, und streckt die Arme nach ihr aus; sie fährt fort.

O könnt' ich meine Grüße zu Dir senden!

Sie hebt die gefalteten Hände empor.

Doch Vater! ich befehl' ihn Deinen Händen!
Gieb alles ihm, was Du mir zugedacht!

Julie erscheint im Hintergrunde mit der Harfe.

(Der Vorhang fällt.)

Vierter Aufzug.

Zimmer des zweiten Akts.

Erster Auftritt.

Der Marchese. Kamilla. Ein Bedienter.

Kamilla sitzt an einem Tisch, das Haupt auf die Hand gestützt, ein Tuch vor die Augen haltend.

Marchese

übergiebt dem Bedienten ein Papier.

Ihr also seyd fortan in meinen Diensten,
Mein Kammerdiener! Nehmt! Hier steht genau,
Was wir zur Reise-Equipage brauchen.
Kauft es schnell ein, spart weder Geld noch Mühe,
Das Stattlichste herbei zu schaffen; miethet

Mit kluger Wahl die andern nöth'gen
Diener.
Vergeßt nie stolz zu seyn auf Euren Herrn!
Jetzt könnt Ihr gehn!

Der Bedinte verbeugt sich, und geht ab; der Marchese wendet sich zu Kamillen.

Kamilla laß das Weinen!
Wie soll ich Deine Wankelmuth erklären?
Du fügtest ja Dich in des Grafen Wunsch,
Und Deines Sohnes Bitten, hier zu
bleiben! —

Kamilla.

Ich kann nicht, Vater! wann Ihr von mir
geht.
Das Heimweh schlief in meiner Brust, sie
haben
Es aufgeweckt, es zehrt an meinem Leben,
Und nur im Quell der heimathlichen Luft,
Kann ich von diesem tiefen Weh genesen.

Marchese.

Du bist ein Kind, das mit den Wünschen
spielt.

Kamilla.

O habt Geduld mit Eurem blinden Kinde,
Gönnt ihm das lang' entbehrte süße Spiel!
Ihr habt es oft ihm aus der Hand genommen.

Marchese.

Du bleibst mit Julien hier in der Schweiz.

Kamilla.

Hier unter fremden Männern, ohne Euch? —

Marchese.

In Deines Sohnes und des Grafen Umgang
Vermissest Du mich kaum; bald kehr' ich wieder.
Im Fluge nur will ich Neapel sehn;
Dem Grafen Martinitz, Statthalter Oestreichs,
Mit meinem Dank den Schwur der Treue bringen.
Ich will in einem Glanze dort mich zeigen,
Der meiner Feinde Blick verblenden soll,

Und lächelnd auf die Wetterwolken schaun,
Die endlich vor der Sonne scheu entfliehn.

Kamilla.

Und ich, die treu mit Euch den Kelch geleert,
Das thränenfeuchte Brod mit Euch getheilt,
Des Kummers kalte Nacht mit Euch durchwacht;
Ich soll, wenn Ihr ein fröhlich neues Feuer
Auf unserm alten Heerd anzünden laßt,
Mich nicht mit Euch daran erwärmen dürfen?

Marchese.

Hab' ich denn nicht, aus väterlicher Liebe
Zu Euch, dem alten Wunsch bereits entsagt,
Mein Leben in Neapel zu beschließen? —
Hab' ich nicht Euren Bitten mich gefügt? —
Zur Heimath bietet uns der Graf sein Schloß,
Ein Vater will er Deinem Sohne werden,
Und jene schüchtern zarte Innigkeit,

Mit der er sorgend Dir zur Seite steht,
Und jeden, kaum gebornen Wunsch erfüllt; —
Geht sie Dir nicht zu Herzen? Fühlst Du nicht
Die Sonne wärmer scheinen, wo er ist?

Kamilla.

Ich fühl' es, denn er war mein treuster Freund; —
Das Kreuz auf seiner Brust, dem eig'nen Herzen
Ein sichrer Wächter, heiligt mein Vertraun.

Marchese.

Wie, wenn er aber nun nach langem Kampfe
Das Kreuz doch einmal niederlegen wollte,
Um, weil er Mensch ist, auch dem menschlichen
Gefühl sich endlich freudig hinzugeben;
Und wenn ein tief verborgenes Geheimniß
Dann aus der Gruft des Busens auferstände,

Nachdem der schwere Grabstein weggewälzt?
Sprich, würdest Du ihm dann nicht auch vertraun?

Kamilla.

O haltet ein! was hat er Euch gethan,
Daß Ihr ihn niederziehn wollt zu den Schwachen? —
Und was hab' ich gethan, daß Ihr das Bild,
Das ich von ihm so rein und so erhaben
Mir freudig aufgestellt, zertrümmern wollt? —
Nein, nein! es ist nicht möglich, nein er kann
Das Heiligste der Leidenschaft nicht opfern.
Nur Mitleid haben, und sie nicht verdammen,
Wenn er in fremder schwacher Brust sie findet,
Das kann er, das hat ihm mein Herz geöffnet! —

Nach einer kurzen Pause, die Arme nach dem Vater ausstreckend.

Sollt' ich denn minder Euch vertraun, als
ihm?
Legt Euer armes Kind an Eure Brust,
Schaut tief ihm in das sehnsuchtsvolle Herz
Und richtet mild' und liebend.

Marchese, einfallend.

Still, Kamilla!
Was ist Dir? Du bist außer Fassung! Geh'
Jetzt auf Dein Zimmer und beruh'ge Dich.

Er öffnet die Thür eines Nebenzimmers und ruft eilig hinein.

Julietta!

Kamilla.

Vater! nehmt jetzt mein Bekenntniß,
Das sich an Eure Vaterliebe wendet,
Eh Ihr's im Zorn errathet.

Marchese.

Jetzo nicht.
Ich hör' den Grafen. Laß uns jetzt allein,

Wir haben wicht'ge Dinge zu besprechen.

Zu Julien, die eingetreten ist.

Begleite meine Tochter.

Kamilla, bittend.

Vater!

Marchese.

Geht!

Kamilla.

Der Augenblick, ich fürcht', er kommt nie wieder!

Sie geht mit Julien ab.

Zweiter Auftritt.

Marchese, allein.

Es darf nicht über ihre Lippen! Nein! —
So lang' der Wunsch in enger Brust noch wohnt,

Und nicht des Mundes Schwelle überschreitet,
Ist er dem ungebornen Kinde gleich,
Noch ohne Namen, ohne Stimme! — Ja!
Der Graf muß Augenblicks ihr Herz bestürmen,
Und wenn die Wünsche erst im Kampfe liegen,
Soll ihm mein Vaterwort den Sieg gewähren.

Dritter Auftritt.

Der Marchese. Der Graf.

Marchese.

Warum so ernst? — so düster? — Solltet Ihr
Nicht etwas Frohes mir zu sagen haben?

Graf.

Ihr rüstet Euch zur Reise nach Neapel,
Auch ich werd' eine Fahrt beginnen.

Marchese.

Wie? —
Wollt Ihr mich denn begleiten? —

Graf.

Nein, ich muß
Nach Deutschland ziehn.

Marchese.

Nach Deutschland? — Hör' ich recht?
Nach Deutschland ziehen? jetzt, da meine Tochter
Ich Eurer Obhut anvertrauen will?

Graf.

Sie mag nicht in dem fremden Käfig weilen! —
Sie breitet ihrer Sehnsucht Flügel aus. — —

Marchese.

Des Weibes Wünsche sind wie Wolken-
schatten,
Die über die besonnten Fluren ziehn,
Ein Sturm verscheucht sie! Laßt Euch das
nicht kümmern.

Graf.

Doch! diese Wünsche wird kein Sturm
verjagen!
Es sind die Kinder einer heil'gen Liebe;
Ich will sie schützen! Sind sie Euch bekannt?

Marchese.

Ihr sprecht von Liebe? Nun da habt Ihr
wohl
Kamilla's Herz erforscht und ohne Zweifel
Euch überzeugt, daß Euch sie liebt?

Graf.

Ja, ja!
Sie liebt mit aller Kraft, das weiß ich;
doch

So ganz verblendet bin ich nicht, daß ich
In jedem Namenszug nur meinen sähe.
Ihr hattet Recht! — die alte erste Liebe
Blüht wieder auf.

Marchese.

Nicht wahr? Drum zögert nicht!
Noch ging der Wunsch nicht über ihre Lippen,
Ich kenn' ihn also nicht. Jetzt tretet rasch
Mit Eurer edlen Werbung ihm entgegen;
Einwill'gen soll sie, das versprech' ich Euch.

Graf.

Sie soll? Nein, nein! Des Lebens höchstes Glück,
Ist es kein frei Geschenk, zerrinnt in Thränen.
Was sie aus Furcht dem Vater hat verschwiegen,
Vertraute sie dem Freunde, und der hat
Zum Ritter jener Liebe sich geweiht.

Marchese.

Versteh' ich recht? — Ihr gebt die Hoffnung auf?

Graf.

Nur meine Hoffnung! — Aber nicht die
Ihre.

Marchese.

Ich faſſ' Euch nicht! — Erlaubt mir eine
Frage:
Hat nicht des heil'gen Vaters mächt'ges
Wort
Die Schranken Euch eröffnet? — Dürft
Ihr nicht
Dem Herzen folgen?

Graf.

Nein! ich darf es nicht! —

Marchese.

Wie? — Dispenſation wär' Euch verſagt?

Graf.

Ja, ſie iſt mir verſagt! Der heil'ge Vater,
Der nur allein des Menſchen-Herz begreift,
Hat die geheime Schrift mich leſen laſſen.

Worin mit klaren Worten steht: Es darf
Nicht seyn!

Marchese, empfindlich.

Was wollt Ihr mir's verbergen, Graf?
Seit Ihr das Breve und des deutschen Ordens
Zustimmung habt, das Kreuz von Euch zu legen,
Sind Eure Wünsche frei und fessellos;
Da wollt Ihr Deutschlands Töchter sehn und prüfen,
Ob nicht die klaren himmelblauen Augen
Weit schöner sind, als die erblindeten.
Nun wohl! Glück auf! zu Eurer lust'gen Reise.

Graf.

Verkennt mich nicht! reicht mir die Vaterhand!
In keinem Augenblick stand ich Euch näher,
Nie fühlt' ich inniger, welch Glück es sey,

Euch Sohn zu seyn, als eben jetzt, wo ich
Hinaus gehn will, Euch einen Sohn zu
suchen.

Marchese.

Erklärt Euch deutlicher! — Ich will nicht
glauben,
Daß Ihr die Hand, die Ihr jetzt selbst
verschmäht,
An einen fremden Mann ausbiethen wollt.

Graf.

Beruhigt Euch, und hört mich an! Ihr
selbst
Entdecktet mir Kamilla's Jugendliebe,
Ihr selbst glaubt, daß sie nicht erloschen
sey; —
Und wär' sie nun im Herzen des Geliebten
Auch reiner noch und glühender geworden,
Dem Diamant gleich, der in tiefer Kluft
Durch lange Jahr' am innren Feuer wächst;
Wie? — Könntet Ihr dann Eure kalte
Hand

Aufs neu' dazwischen legen und zerreißen,
Was die Natur nur für einander schuf?

Marchese.

Das Gleiche paßt nur für einander, und
Was legt Ihr auf des Weibes flücht'ge Wünsche
Solch ein Gewicht? Glaubt mir, nur durch des Mahlers
Unglückliche Dazwischenkunft, durch seine
Lebend'ge Schilderung Italiens, selbst
Dadurch, daß er ein Schüler Solimena's,
Sind jene alten Bilder neu erwacht.
Doch sind's blos leichte Morgenträume, die
Gar schnell zerfließen, kommt der neue Tag.
Vor allen Dingen muß der Mahler fort;
Er hat zuerst in jene stille Fluth
Den Stein geworfen, daß sie Wellen schlägt.
Er maßt ein Vaterrecht auf meinen Enkel
Sich an; was soll uns dieser Friedensstörer?
Er nehme reichen Lohn und ziehe fort! ——

Graf.

Sorgt nicht! Er soll nach Deutschland mich begleiten! —

Er ist ein Jugendfreund des Glücklichen,
Den Eure Tochter liebt, ein Freund des Treuen,
Der seine Lieb' ihr heilig aufbewahrte.
In Deutschland lebt er still und hoffnungslos,
Der Mahler soll zu ihm den Weg mir zeigen;
Nicht rasten will ich, bis ich ihn gefunden,
Und Euch den Sohn, ihr den Geliebten bringe!

Marchese.

Was wollt Ihr da beginnen? Achtet Ihr
Des Vaters Recht auf seiner Tochter Hand
Für nichts? — Treibt Ihr die Schwärmerei so weit,
Des eignen Busens lang' gepflegte Liebe
Leichtsinnig einer fremden aufzuopfern,
Die, nur ein Nebelbild, Euch riesig scheint?

Graf.

Habt Ihr denn nie geliebt? O denkt zurück!

Wer liebt, der weiß, was er der Liebe
schuldig;
Wer ihren Schmerz und ihre Wonne kennt,
Dem ist die fremde, wie die eigne heilig.
Seht, wie sich zwischen blüh'nden Nach-
barlanden
Ein Gletscher stellt, sie von einander scheidend,
So steht Ihr zwischen jenen Herzen da;
Allein von seinem kalten eis'gen Gipfel
Bis zu den Sternen ist ein weiter Raum,
Den kann er nicht verdecken, und da sendet,
Hoch über ihm, der Frühling, wie die Liebe,
Von einem Lande, einer Brust zur andern,
Geheime Bothen, hier die Blüthenkelche,
Und dort die Herzen von einander grüßend.

Marchese.

Ich aber fluche solch geheimer Liebe!

Graf.

Stürzt die Lawine Eures Fluchs hinab,
Sie wird an Gottes Sonne sanft zer-
schmelzend,

In klaren Segensbächen wohl zerrinnen. —
Ich will doch sehn, ob ich das kalte Herz
Nicht aufthaun mag, durch Eures Kindes
Thränen!
O seyd barmherzig.

Vierter Auftritt.

Die Vorigen. Der Mahler.

Marchese.

Seht, da kommt der Meister!

Graf, für sich.

Warum denn jetzt!

Mahler.

Stör' ich, so geh' ich wieder!

Marchese.

Nein, bleibt, ich bitt' Euch! für sich. Er
kömmt ganz gelegen,
Ich muß der Sach' ein schnelles Ende geben.

Mahler.

Euch sucht' ich auf, Herr Graf; denn mein
Gemählde
Ist nun vollendet. Der antike Rahmen
Hat eine goldne Grenze drum gezogen,
Und jetzt verlangt von Euch es seinen Platz.

Graf.

Ich will die holde Frau an eine Stelle
Hinführen, wo sie sichrer steht, als hier;
Der Silbermond geh' auf am Sternen-
himmel.
Kommt denn, mein Freund: Ihr selbst
habt wohl die Wohnung
Der schweigenden ehrwürdigen Gestalten,
Den Rittersaal, noch nicht betreten? Kommt.

Marchese.

Vergönnt mir mit dem Meister erst ein
Wort;
Wir wollen ob den Preis des schönen Bildes
Uns erst verständigen. Wir folgen bald.

Graf.

Wohl habt Ihr Recht! Wir alle müssen Dank
Dem Künstler spenden, wenn schon das
Gemählde
Mein Eigenthum, das ich von Freundeshand
Als ein Geschenk empfangen will.

Mahler.

Nur Ihr
Versteht, wie Ihr mein Werk betrachten sollt.
Nicht meine Mahlerei, der Gegenstand
Erhebt es über jeden andern Preis.
Der Künstler würde nicht von ihm sich
trennen,
Nähm' es der Freund nicht an, als Freun-
desgabe.

Marchese, zum Grafen.

Doch bitt' ich, laßt mich mit dem Meister
sprechen.
Ich komme mit dem Freunde bald Euch nach.

Graf.

So werd' ich Euch im Rittersaal erwarten.

Ab.

Fünfter Auftritt.

Der Marchese. Der Mahler.

Marchese,

nachdem er sinnend einigemal auf- und abgegangen

Nicht mit dem Meister um des Bildes
Preis,
Nein, mit dem Menschen nur um Men-
schenglück,
Hab' ich zu unterhandeln, und ich hoffe,
Je offner ich dabei zu Werke gehe,
Um desto mehr sollt dankbar Ihr erkennen,
Daß ich Euch ausgezeichnet durch Vertraun.

Mahler.

Ihr macht mich sehr begierig, Herr Marchese,
Vertrauen ist ein köstliches Geschenk,
Jedoch, ich kann es wieder Euch erstatten.

Marchese.

Sagt mir, ist meines Hauses Glück Euch
werth?

Mahler.

Fragt Leonhard, er wird Euch Antwort geben.

Marchese.

Ich weiß, Ihr habt nicht blos die Bahn der Kunst,
Ihr habt den Weg durchs Leben ihn geführt,
Und was er ist, verdankt er Eurer Sorge.
Abtragen wird er seine große Schuld,
Das Schicksal hat dazu ihn ausgestattet.

Mahler.

Was ich ihm gab, nur das geb' er mir wieder,
Die Liebe! nur wozu ich ihn erzogen,
Das werd' er immer inniger, mein Sohn!
Laßt mir nur Theil an ihm, gewährt auf Euch
Mir auch ein Recht, und ich bin hochbelohnt!

Marchese.

Ihr könnt Euch durch ein leichtes Opfer bald

Ein noch viel größ'res Recht auf uns erwerben. —
Es ist ein zart Verhältniß zwischen Euch
Und Leonhard, Ihr wollt Euch nimmer trennen;
Doch wenn nun unser aller Glück und Friede
Die Trennung heischte, würdet Ihr dann zögern?

Mahler.

Ist dies das leichte Opfer? — Wessen Herz
Schlägt freudiger, wenn er mich scheiden sieht?
Wer sitzt zu Rathe, wo man dies verlangt?

Marchese.

Wohlan, ich will mich deutlicher erklären.
Der Ritter will mit Euch nach Deutschland ziehn,
Um einen Mahler, Namens Anton Lenz,
Dort aufzusuchen. Wißt Ihr, wo er lebt?

Mahler.

Ich weiß es, ja!

Marchese.

Ist seines Herzens
Geschichte Euch bekannt? —

Mahler.

Er ist mein Freund,
Wir haben kein Geheimniß vor einander.

Marchese.

So hat er wohl von einer Jugendliebe
Zu einem schönen Fräulein hohen Standes
Euch auch erzählt, wie man ein Ammen-
mährchen
In spätern Jahren fröhlich wiederholt.

Mahler.

Kein Mährchen dünkt ihm diese frühe Liebe:
Sie ist die Fabel seines ganzen Seyns,
Die Folie seiner Phantasie und Kunst,
Der Engel, der ihn rein durchs Leben führte.

Marchese.

Ihr kennt ihn sehr genau und sprecht sehr
warm.
Gewiß, er sagt' Euch auch des Fräuleins
Namen.

Mahler.

Kamilla nannt' er die Geliebte.

Marchese.

Ja!
Kamilla! Wißt denn, das ist meine Tochter,
Mein Kind, nach dessen köstlichem Besitz
Der Kühne strebte, kaum gelang es mir,
Das thörichte Verhältniß zu zerreißen.

Mahler.

Hat Glück es Euch gebracht, daß Ihr's zerrißt?
Habt Ihr dem Herzen Eurer Tochter auch
Ersetzen können, was Ihr ihm genommen?

Marchese.

Die Saat des Bösen wuchert, doch ich habe
Sie nicht gestreut; sie fängt aufs Neue jetzt
Zu keimen an; meint Ihr es gut mit uns,
So schafft mit mir, daß wir sie unterdrücken.

Mahler.

Wie soll ich das? —

Marchese.

Ihr müßt des Grafen Reise
Nach Deutschland hintertreiben. Ihr begreift,
Von einem Bunde meiner Tochter mit
Dem Mahler kann die Rede nimmer seyn.

Mahler.

Noch fass' ich's nicht! Ich glaubte, eine Liebe,
Die jede Probe treu bestanden,
Erlange endlich doch der Ahnen Recht.

Marchese.

Wer in des Glückes Schooß sitzt, der mag eher
Sich über jene Kluft des Standes beugen,
Um einen Niedrern zu sich aufzuziehn.
Doch wer wie ich, sie aus dem tiefen Schatten

Des Unglücks, wieder an das Licht darf
stellen,
Der schau nur über sich, und nicht hinab,
Und zeige, daß sein Stolz durch nichts
gebeugt.
Wohl würden meine Feinde lächelnd sagen:
Der stolze Mann hat Gott gedankt, daß er
Die blinde Tochter einem armen Mahler
Vermählen konnte! — Nein, das kann nicht
seyn! —

Mahler.

Mein Freund ist nicht so arm, als Ihr es
glaubt,
Und darf ein Name, den vielleicht die Kunst
Für spätere Geschlechter aufbewahrt,
Wenn mancher Stammbaum schon verlo=
schen ist,
Darf er sich dreist nicht neben Euren stellen?

Marchese, stolz.

Darauf erlaßt die Antwort mir.

Mahler.

Nun, so sprecht,
Hat denn ein Herz, das seine heil'ge Liebe,
Sein Glück der Kindestreu zum Opfer brachte,
Das selbst das strenge Schicksal frei gesprochen,
Hat es nicht endlich eine freie Wahl? —
Wollt Ihr des andern Blüthenhain zerstören,
Um Euch ein stolzes Grabmahl aufzubaun?
Faßt Euch kein Schauder, seht Ihr Euer Werk,
Die blindgeweinten Augen Eures Kindes,
Die weinen sollen, weinen, bis der Staar
Des Todes auch das Eure überzieht?

Marchese.

Ihr haltet mich für hart, ich bin es nicht!
Ihr seyd des Freundes Anwalt, ich bin Vater!
Sie soll nicht weinen, glücklich wird sie seyn;
Es reicht ein edler, ebenbürt'ger Mann
Dem blinden Weibe seine Hand und Liebe.

Mahler.

Wie? Einem andern soll sie angehören?
Wer ist der Kühne? —

Marchese.

Unser Freund, der Graf.

Mahler.

Der Ritter, mit dem Kreuz auf seinem Herzen?

Marchese.

Er wirft es ab.

Mahler.

Die Gattin seines Bruders?

Marchese.

Der heil'ge Vater hat ihn dispensirt.

Mahler.

Nein! nein! das ist nicht! warum täuscht Ihr mich?

Es kann nicht seyn! Er will ja selbst hin-
eilen,
Dem Hoffnungslosen neuen Trost zu bringen.

Marchese.

Die Schwärmerei ist zu den schwersten
Opfern,
Obgleich sie niemand fordert, viel bereiter,
Als daß sie Glück durch eig'nes Glück
gewähre.
Dem Grafen war mein Kind zuerst bestimmt,
Da drängt der Bruder sich in seine Rechte,
Und willig bringt er ihm die eigne Liebe
Und unser Glück zum Opfer.

Mahler.

Damals schon?
Er hat geliebt und doch das Kreuz genom-
men? —

Marchese.

Und jetzt nach langem Schweigen, stillem
Dulden,

Jetzt, da er trotz der köstlichen Präbenden,
Des deutschen Kreuzes sich entäußern will,
Da ihm des Pabstes Segen selbst nicht
fehlt,
Da er Kamilla's innigstes Vertraun,
Der Liebe Pfeiler und des Glücks besitzt,
Da nach der langen öden Fahrt durchs Leben
Er endlich die Geliebte darf umfassen,
Da er uns allen eine Heimath biethet,
Und schon mit ihren Kränzen, ihren Gaben
Die frohen Götter auf der Schwelle stehn,
Und sich die alte Freundschaft unsrer Häuser
Mit unsrer Kinder Liebe endlich eint;
Da steigt das Trugbild früher Leidenschaft
Wie ein Gespenst aus der Vergangenheit
Herauf, und scheucht die Gäste auseinander.
Und Ihr habt es herauf beschworen! Ihr! —
Denn eh' Ihr kamt, war meiner Tochter
Herz
So ruhig, so ergeben war ihr Sinn; —
Allein Ihr seyd mit ihm aus einer Schule,
Ihr kommt daher, wo diese Lieb' entstand,
Wie sollte die Erinn'rung nicht geschäftig

Den Funken schnell zur Flamm' aufachen wollen;
Und nun erzählt Ihr unberufen selbst,
Dem Grafen, daß der Mahler Lenz noch lebt,
Und gießt das Oel leichtsinnig in die Glut!

Mahler.

Ja! ja! — er liebt sie! — Alles wird mir klar! —
O ich Verblendeter! — ich konnt' es längst
In seinem Herzen lesen! — Hat denn er
Euch seine Liebe selbst gestanden?

Marchese.

Ja!
Und meinen Segen gab ich Ihm! Doch statt
Mit diesem Talismann Kamilla's Hand,
Der Willenslosen, rasch sich zu gewinnen,
Macht er sich zum Vertrauten ihrer Thorheit,
Führt das Geheimniß ihrer Leidenschaft,
Das scheu Verborgene, hinaus an's Licht,

Und wie ein Weib, das für ein fremdes
Kind
In Raserei die eignen Kinder opfert,
Zerstört er seine Liebe, meine Hoffnung,
Zertritt die schönen Blüthen unsers Glücks,
Und stellt nun gegen mich sich in die
Schranken!

Mahler.

Du großes Herz! In Sieg und Liebe groß!
Auf welcher Seite darf ich für Dich streiten?

Marchese.

Ehrt Ihr den Grafen?

Mahler.

Wie ein Heiliger,
So mild und groß steht er vor meiner Seele.

Marchese.

Und glaubt Ihr nicht, daß meiner blinden
Tochter
An seiner Hand ein sonnenheller Tag
Des Glücks aufgehen würde?

Mahler.

Fragt mich nicht!

Marchese.

Ich setz' in Euch Vertraun. Sagt, glaubt Ihr's nicht? —

Mahler.

Ich glaub' es — wär' ihr Herz von Liebe frei! —

Marchese.

Das Herz vergißt, stellt sich das Grab dazwischen,
Denn über dies Gebirge steigt kein Wunsch. —
Es sucht sich diesseits eine neue Liebe,
Und tröstet sich mit der Unmöglichkeit,
Die Todten zu erwecken.

Mahler.

Ja, die Todten!
Allein, der Mahler Lenz ist ja nicht todt!

Marchese.

Er ist's! Sobald Ihr sprecht: er sey ge-
storben! —
Es lügt sich manches Todte in das Leben,
Uns mit Gespenster-Armen zu umfassen;
So mag das Leben auch den Tod belügen,
Daß er sich zu uns als Versöhner stelle.

Mahler.

O was verlangt Ihr! — scheint es Euch
so leicht
Ein liebend Herz lebendig zu begraben? —

Marchese.

Lebendig? — War er längst nicht für uns
todt?
Nur die Gewißheit fehlt, dann wird ihr
Herz
Ihn erst betrauern, dann sich still ergeben,
Dann ist kein Kampf mehr zwischen Kind
und Vater,
Dann steht kein Götze vor dem Grafen mehr.

Der seiner Liebe blut'ges Opfer heischt,
Dann sind wir alle glücklich!

Mahler.

Alle glücklich?
Auch Eure Tochter? — Auch der arme Lenz? — —

Marchese.

Er ist nicht minder glücklich, als er's war!
Verliert er denn ein Glück das er besaß?
Giebt ihm die Lust dazu ein Recht darauf?
Und meine Tochter? — Wohl, ich setz' Euch jetzt
An meine Stelle; glaubt, Ihr wärt der Vater,
Ihr solltet wählen für des Kindes Glück:
Hier stehn die beiden Männer, Eure Freunde;
Werft auch des Schicksals reiche Gaben weg,
Nehmt ihnen Stand und Namen, laßt sie nur
Mit ihrem Werth als Menschen vor Euch stehn;

Wer hat von beiden treuer sie geliebt?
Wer hat durch größre Opfer sich ein Recht
Auf ihre Hand erworben? — Prüft und wählt!

Mahler.

O fragt mich nicht! — Laßt Eure Tochter wählen!

Marchese.

Soll ich den schweren Kampf ihr nicht ersparen?
Soll sie das alles wissen, was uns klar,
Und dann sich fragen müssen, ob sie wohl
Im Stande wär', des Grafen Herz zu brechen,
Im Augenblick, wo sich's ihr opfern will?
Wär' Euer Freund, der Mahler, doch zugegen,
Ich möcht' ihn fragen: ob er wohl sein Glück
Aus solchen Trümmern ohne Vatersegen, —
Mit keckem Muth sich aufzubauen wagte?

Ob er, liebt' er mein Kind noch wahr und rein,
Nicht jener höhern Liebe still sich neigt? —

Mahler, in Gedanken verlohren.

Zum Altar führt man die bekränzten Opfer. —
Nach oben zeigend.
Der hohe Priester wählt das reinste aus! —

Marchese.

Erfüllt die Wünsche eines Vaters! Seht,
So bittend stand ich noch vor keinem Menschen!
In Eurer Hand ruht unser Glück und Friede.
Sprecht, er sey todt! Hört Ihr? Er sey gestorben!
Wollt Ihr? — Hier hättet Ihr es erst erfahren!
Versprecht es mir!

Mahler.

Fahr' wohl Du armes Herz!
Hier meine Hand! Der Mahler Lenz — ist — todt! —

Marchese.

Ihr gebt durch dieses Wort uns neues Leben!
Ich dank' Euch! — Doch erfüllt noch eine
Bitte.

Mahler.

Was hätt' ich jetzt noch zu versagen? —
Sprecht!

Marchese.

Verlaßt uns bald! So lang' Ihr noch
zugegen,
Steht die Erinn'rung meiner Tochter näher,
Und Schmerz und Sehnsucht stillen schwerer
sich.
Doch mit Euch zieh'n die alten Bilder fort,
Die Wetterwolken, die den Sturm erregt,
Und ist das Band nur erst geschlossen, das
Den Grafen mir zum Eidam giebt, dann mögt
Ihr wieder uns besuchen.

Mahler.

Sorget nicht!
Ich werde gehn, und nimmer wiederkehren!

Marchese.

Ihr seyd ein wackrer Mann! Jetzt rasch
ans Werk!
Berichtet Eures Freundes Tod dem Grafen,
Gebt Eurer schnellen Reise einen Grund;
Ich will mit Julien sprechen, denn durch sie
Erfahr Kamilla, was sie wissen soll.
Ich werde mich auf Euch dabei berufen.

Mahler.

Auf mich? — Ja! — Gut! — Beruft Euch
nur auf mich.
Sagt ihr — sagt ihr — ich ließe sie
beschwören
Zu schweigen! Und was sie jetzt hört, zu
glauben!

Marchese.

Und nun mein Freund, gewährt die letzte
Bitte!
Ich will nicht Euer träger Schuldner bleiben,
Was ich von Euch erbat, wollt Ihr gewähren,
Wohlan, so fordert auch von mir den Lohn!

Mahler.

Behaltet ihn! Ihr seyd für mich zu arm! —
Der Mahler Lenz wird mich schon selbst
bezahlen,
Daß ich sein Todtengräber bin! — Zu ihm
Will ich hineilen, will mich zu ihm betten,
Und ihn festhalten in der kalten Gruft!

Marchese.

Kein Grab! — Ihr schwärmt! Das Leben
steht Euch offen! —
Seyd Ihr zu stolz den Lohn von mir zu
fordern,
Will ich Euch selbst den goldnen Schlüssel
reichen,
Der überall des Lebens Pforten öffnet.

Ab.

Sechster Auftritt.

Der Mahler allein.

Hatt' ich nicht tief und sicher Dich gebettet,
Du armer Lenz? — Was bist Du denn erwacht?
Der Liebe Morgen tagt noch lange nicht!
Nur Träume haben Dich im Schlaf gestört! —
Still, weine nicht! Schlaf ruhig wieder ein! —

Nach einer Pause.

Muß das so seyn? — Herz, frage nicht, es muß! —
Vollende Deiner Wallfarth Tagewerk,
Versöhn' den Vater endlich mit der Tochter!
Gieb jener heil'gen Liebe neues Leben,
Die Du im eignen Rausche nicht erkannt,
Obgleich sie sich zum Opfer für Dich stellte;
Ihr folgt der Vatersegen! Dir der Fluch! —
Genügt Dir's nicht, daß Du sie ewig liebst? —

Daß sie Dich liebt, daß Du ihr Kind erzogen —
Daß Du erst siehst, wie sie Dich heiß beweint,
Und dann hinaus gehst Dir Dein Grab zu suchen? —
Des stillen Kirchhofs Pforte wird verschlossen,
Der arme Lenz ist todt! — — Er ist begraben. — —
Herz, fasse Deine alte Kraft zusammen!
Bebt nicht, ihr Lippen, bei der Todespost!
Verschlucke Auge Deine heißen Thränen!
Erbleicht nicht Wangen in der Abschieds-Stunde!
Ihr sollt die Zeit schon finden, zum erbeben,
Zum weinen, zum verbluten, zum erbleichen!

Er geht langsam ab.

Veränderung. Rittersaal.

Siebenter Auftritt.

Der Graf. Leonhard. Der Kastellan.

Das Bild Kamilla's hängt bereits an der leeren Stelle, neben dem verhangenen Gemälde.

Graf.

Der Meister läßt uns hier vergeblich warten.

Kastellan.

Er hat wohl Gründe! Habt Ihr nun genug
Das Bild bewundert? Es ist sehr getroffen! —
Allein das Aehnlichste ist Euch entgangen.

Graf.

Du meinst die Augen mit dem neuen Leben?

Kastellan.

Nein! nein! In einer Ecke des Gemäldes
Hat's der bescheidne Künstler hingestellt;
Nur meinem Kennerblick entgeht es nicht.
Seht doch, ich meine hier das kleine Ding!

Leonhard.

Dieß? — Ei, das ist das Zeichen meines
Meisters,
Ein Adlerfittig mit dem Pfeil durchschossen.

Kastellan.

Ganz recht! Ich seh' es nicht zum ersten-
mahle.
Man kennt den Meister an dem Zeichen
wieder.

Graf.

Wo hättest Du ein Bild von ihm gesehn?

Kastellan.

Gesehn? — Ich hab' es selbst Euch zuge-
bracht!

Er zieht den Vorhang vom Bilde.

Hier ist das Meisterwerk! Hier steht das
Zeichen.

Leonhard, erschrocken.

Des Vaters Bild? —

Graf.

Dich täuscht die Rachsucht, Alter!

Kastellan.

So überzeugt Euch doch mit eignen Augen!
In dieser Ecke steht ja Pfeil und Flügel. —
Das Schicksal hat die Hand darauf gehalten,
Als Zeit und Wetter dran gewaschen haben,
Und nicht umsonst es für uns aufgespart.

Graf.

Bei Gott! es ist ein und dasselbe Zeichen.

Leonhard, die Augen verhüllend.

Es kann nicht seyn; er hat es nicht gemahlt!

Kastellan.

Nicht? — Ja ich traute selbst kaum meinen Augen!
Das Zeichen gilt für Namens-Unterschrift.
Er war ein feiler Söldner Spaniens,
Er hat die Kunst der Tyrannei verhandelt,
Er hat der Freiheit kräft'ges Bild gemahlt,
Damit's der Henker an den Galgen schlage.

Leonhard.

Halt ein, Verwegner! Schmähe nicht den Meister,
Der mir ein Vater ist.

Kastellan.

Der ihn Euch raubte!
Mir graut vor solcher Kunst, die im Geheim
Des Menschen Antlitz stiehlt, und das Gespenst
Dem Feind verkauft, als Zeugen gegen uns.

Leonhard.

O schweige!

Graf.

Leonhard, Du bist sein Schüler,
Wirst seine Art zu mahlen leicht erkennen.
Tritt näher, sieh genau das Bild Dir an,
Es ist nicht so verlöscht, daß man den Meister
Geübten Blicks nicht dran erkennen sollte.

Leonhard.

Ich kann nicht sehn, mein Auge schwimmt in Thränen! —

Kastellan.

Die passen nicht zum Degen, junger Herr.

Graf.

Du mußt dich fassen! Selbst ich schöpfe Argwohn.
Als ich zuerst mit Deinem Meister sprach,
Mit ihm den schnellen Bund der Freundschaft schloß,
Wie anders schien er da, so ernst und weich,
So über jede Leidenschaft erhaben! —

Doch seit er Deinen Stand und Namen weiß,
Seit Deines Vaters Schicksal ihm bekannt,
Ist seine Ruh' verschwunden und man sieht,
Ihm lastet ein Geheimniß auf der Seele.

Leonhard.

Das Unerwartete bewegt ihm das Gemüth;
Mag ich doch selbst seitdem mich kaum erkennen.

Graf.

Ich ehr' ein Herz voll Dankbarkeit, mein Sohn.
Allein wir sprechen hier als Männer,
Der Augenblick ist ernst, Du mußt Dich fassen!
Bei unsers Stammes Ehre frag' ich Dich:
Glaubst Du, daß er des Vaters Bild gemahlt?

Leonhard.

Das Zeichen sagt's. —

Graf.

Erkennst Du seinen Pinsel? —

Leonhard.

Ich glaube — ja! —

Kastellan.

So säumt nicht mit der Rache!
Ich will sein Scherge seyn und will ihn fassen!

Leonhard.

Was willst Du Rasender! Du bleibst und schweigst.
Verdammt ihn nicht, Ihr habt ihn nicht gehört.
Für seine Unschuld laßt mich Bürge seyn;
Ihr kennt ihn nicht, nur ich versteh' ihn ganz,
Ich habe ja an seiner Brust gelegen,
Sie war mein Himmel, wo nur Engel wohnen.

Kastellan.

Sie ist die Hölle! Mit den Teufelskünsten
Hat er auch Euch bestrickt; auch Euch gelehrt,
Die armen Menschen abzukonterfeien.

Graf.

Wir wollen prüfen! — Doch das siehst
Du ein,
Was auch zu diesem Bilde ihn bewogen,
Es steht nun einmal da und scheidet Euch.
Zum mindesten war seine Kunst ihm feil.

Leonhard.

Es scheidet uns? —

Graf.

Er wird den Kreis selbst fliehen,
Wo dieser Zeuge seiner Schwachheit weilt.
War's Schwachheit nur? so geh' er schaam-
erfüllt!
Hat Bosheit aber und Verrätherei
Den Pinsel ihm so meisterhaft geführt,
Hat er sich gegen seines Vaterlandes

Verschworne Retter mit dem Feind verbunden;
So werd' ich selbst sein strenger Richter seyn! —

Zum Kastellan.

Du aber, Alter, schweigst! — Nicht eine Sylbe
Komm über Deine Lippen! Hörst Du wohl?
Bei meinem Zorn befehl' ich Dir, Du schweigst!

Mit Leonhard ab.

Achter Auftritt.

Der Kastellan allein.

Du schweigst! Und legst die Hände in den Schooß,
Und öffnest ihm recht freundlich Thor und Thüren,
Wenn er in seiner Unschuld gehen will!
Nicht wahr, das wär für Dich Du alter Kopf?

Zu einem Ahnenbilde.

Schaut nicht so ernst auf mich, gestrenger Herr!
Ich werd' es halten, was ich Euch geschworen.

Er zieht den Vorhang über das Bild. Als er abgehen will, treten von einer andern Seite, ohne ihn zu bemerken, rasch ein

Neunter Auftritt.

Der Marchese. Julie. Der Kastellan.

Der Kastellan bleibt an der Hauptthüre stehen, jedoch nicht, als ob er horchen wolle, sondern als ob er Befehle erwarte.

Marchese, Julien zurückweisend.

Laß ab von mir! — Thu' was ich Dir befohlen!
Ich sag' es Dir, der Mahler Lenz ist todt!

Julie.

Wenn denn kein Flehn die harte Brust
erweicht,
Wenn Euch das neue Glück so arm gemacht,
Daß Ihr die Lüge selbst zu Hülfe ruft,
Um Thränen Euch für Perlen einzukaufen,
So laßt Euch durch das früh're Unglück
warnen.

Marchese.

Durch meinen festen Sinn hab' ich's besiegt.

Julie.

Bisher hab' ich mit Schonung Euch ver-
schwiegen,
Wie Eure Grausamkeit den Feinden selbst
Furchtbare Waffen in die Hände gab.

Marchese.

Was hast Du mir verschwiegen? Sprich
es aus!

Julie.

Betrachtet Euer Loos von jener Stunde,

Wo Ihr vom Herzen Eures armen Kindes
Die erste Liebe rißt, was hat Euch denn
Der stolze Eidam für ein Glück gebracht?

Marchese.

Er gab mir einen Enkel, meiner würdig.

Julie.

O Himmel! welche Hand hat ihn erzogen? —
Doch still! — Was war des Grafen Kurt Verderben? —
Was warf ihn in des Kerkers tiefe Nacht?

Marchese.

Das Bild dort, von Verrätherhand gemahlt! —

Julie.

So glaubt Ihr zwar in thörichter Verblendung.
Doch wißt, in Haß und blinder Eifersucht
Habt Ihr's und Euer Eidam selbst bestellt,
Und ob's gleich eine reine Hand gemahlt,
Ward's doch zum Rache-Werkzeug gegen Euch.

Marchese.

Was faselst Du? — Du weißt, wer es
gemahlt?

Julie.

Ihr wart mit der Ergebung Eurer Tochter,
Mit ihrem blut'gen Opfer nicht zufrieden.
Schmach wolltet Ihr auf jene Liebe häufen,
Und sie im Dunst der Eitelkeit ersticken.
Ihr habt den Rath gegeben, läugnet nicht,
Den Mahler in des Grafen Haus zu locken,
Und ihn in der Geliebten Gegenwart
Verhöhnend, mit Verachtung abzuweisen.
Die Liebe darf und wird kein Opfer scheuen,
Denn der sie schuf legt selbst ihr Opfer auf.
Muß mühsam sich der Bach durch Felsen
drängen,
So strömen seine Fluthen desto klärer
Einst wieder in den weiten Ozean.
Doch gegen solch ein sündliches Beginnen,
Nimmt sie des Himmels Rache selbst in
Schutz;
Das Bild, das ihn am Hochgericht verrieth.

Kein andres ist's, als was Euch Lenz
gemahlt.
Verachtend ließt Ihr's stehn bei Eurer Flucht,
Da gab das Schicksal es in Feindes Hände,
Damit zu schmücken der Vergeltung Säule.

Marchese, nachdenkend.

Unmöglich wär' es nicht! — Wohl aber
gräßlich! —
Es könnte seyn! — Ich aber mag's nicht
glauben!
Wer hat Dich drauf gebracht?

Julie.

Der Meister hier,
Er kennt die Art, wie Lenz das Bild gemahlt.

Marchese.

Wie schlau erwägt Ihr jede Möglichkeit,
Verdächtig mir das eigne Thun zu machen,
Damit ich williger gehorchen soll.

Julie.

Nicht mir, gehorcht der Stimme der Natur!

Sie ruft verwandte Herzen zu einander;
O seyd nicht taub für sie! Vernehmt den
Engel,
Durch den der Herr sich noch uns offenbart!
Und — hört Ihr! laßt Euch durch das
Unglück warnen.

Marchese.

Was kann ich für des Schicksals harten
Gang? —

Julie.

Ihr nennt es so, damit die eigne Schuld
Ihr einer fremden Macht zuschreiben könnt;
Die strenge Folge seines eignen Handelns,
Das nennt der Mensch sein Schicksal; jagt
er nur
Herzlos und blind, den Leidenschaften nach,
Sieht er auch nur ein blindes Fatum
walten! —
Ein neuer Act des Lebens geht Euch auf,
Verwebt die Fäden nicht zum Trauerspiel;
Laßt Euch der Tochter langes Leiden rühren,
Und gönnt ihr endlich eine freie Wahl!

Marchese.

Ich kann die Todten doch nicht auferwecken!

Julie.

Wer hat es Euch gesagt? — Ich weiß,
er lebt!

Marchese.

Glaubst Du mir nicht, so frage selbst den
Meister,
Er hat die sichre Nachricht seines Todes.

Julie, erstaunt.

Der Mahler, sagt Ihr? — Ha! was soll
das heißen!

Marchese.

So ist's! Erfülle, was ich Dir befohlen!
Kamilla's thöricht Hoffen hat ein Ende!

Der Kastellan, der während Juliens Erzählung mit Mühe das Reden unterdrückt hat, geht jetzt still und unbemerkt ab.

Julie.

Auf mich zählt nicht!

Marchese.

Nun so erfahre sie's
Von mir! Ich schiebe meine Reise auf:
Und daß der Mahler morgen uns verläßt
Weiß sie bereits.

Julie.

Der Mahler uns verlassen? —

Marchese.

Der Mahler, ja! — Scheint es Dir wunderbar?
Was soll er länger hier? Die Welt ist groß!
Sey klug mein Kind! Du kennst jetzt meinen Willen!
Es wird von Dir abhängen, ob ich Dich
Belohnen, oder ganz entfernen soll!

Ab.

Zehnter Auftritt.

Julie, allein.

Du sollst mich nicht von ihrem Herzen reißen!
Mein freier Sinn erhebt mich über Dich!
Doch wie soll ich die Räthsel fassen? — lösen?
Jetzt da die Liebe fast ihr Ziel errungen,
Tritt Lenz zurück und lügt den Tod herbei.
Der Ritter will das Kreuz vom Busen reißen,
Um der verbotnen Flamme Luft zu schaffen?
Das ist nicht Euer Werk, Ihr reinen Seelen!
Ich ahne, wer den Geist herauf beschwört;
Des Unglücks Fesseln hielten ihn gefangen,
Im Glück erscheint aufs Neue das Gespenst;
Und vor ihm wird das Vaterherz zu Stein.
Ich will mich ihm mit Muth entgegen stellen,
Den Schleier will ich vom Geheimniß heben,

Damit das Licht durch alle Falten dringt.
Und Du, o Geist, der für das bange Leben,
Als Trösterin die Liebe uns gegeben,
Gieb Du mir Kraft, daß ihr der Sieg
gelingt!

Ab.

Veränderung. Zimmer wie zu Anfange des Acts.

Eilfter Auftritt.

Kamilla. Der Graf. Leonhard.

Leonhard.

Du sprichst, der Meister wollt' uns jetzt
verlassen? —

Kamilla.

Der Vater sagts. —

Graf.

Er hat ihn mißverstanden.
Der Meister schickt sich an mich zu begleiten.

Kamilla.

Euch? — Nein! Allein bricht er schon
morgen auf!

Leonhard.

Und mir kein Wort davon? — Das kann
nicht seyn!

Kamilla.

Was mag ihn denn aus unsrer Mitte
scheuchen?
Hat Jemand ihn gekränkt? Ich will's
nicht glauben.

Leonhard.

Ja wüßt' ich's Mutter! Laß mich zu ihm
eilen!

Graf.

Nein, bleib! Ahnst Du der Reise Grund
noch nicht? —

Er ließ im Saal vergeblich auf sich warten —
Vielleicht hatt' er die Bilder schon gesehn. — —

Leonhard.

Ich mag nichts ahnen, will's von ihm nur hören;
Sein treuer Mund, der keine Lüge kennt,
Der wird mir sagen, was ihn von uns treibt.

Graf.

So glaub' ihm nur! Doch will auch ich ihn sprechen!
Sein rascher Flug wird doch vielleicht gehemmt,
Der Fittig ist mit einem Pfeil durchschossen.

Leonhard verhüllt das Gesicht.

Kamilla.

Ihr sprecht so räthselhaft, ich fass' es nicht!

Graf.

Es geht ein Geist im alten Saale um,
Wer weiß, hat er den Mahler nicht erschreckt.

Kamilla.

Ein Geist sagt Ihr? Ein Geist? Den flieht er nicht!

Graf.

Nicht jeder mag der Vorzeit Schatten sehn,
Sie zeigen oft, was wir vergessen möchten.

Kamilla.

Ein Künstler liebt Gemeinschaft mit den Geistern.
Doch was es sey, bewegt ihn, daß er bleibe! —
Mir ist so bang', denk' ich an seinen Abschied —
Er hat so theures mir, mein Kind gebracht —

Und seit er hier ist — — wenn er wieder ginge —
Ich weiß es nicht — — O meine Augen schmerzen.

Leonhard.

Du weinst ja, Mutter! Ach ich möcht' es auch!

Zwölfter Auftritt.

Die Vorigen. Der Mahler. Der Marchese.

Marchese.

Sieh da! Hier treffen wir sie ja beisammen?
So können wir vereint den Plan der Reise
Berathen! Ja, Herr Graf, Ihr werdet wohl
Noch eine Zeitlang unser lieber Wirth
Verbleiben müssen. Eure Güte ist

So groß, daß sie den Mißbrauch selbst
entschuldigt.
Ich wünsche meine Reise zu verschieben!

Graf.

Bleibt hier als Herr! Indeß ich meine
Reise,
Die keinen Aufschub leidet, unternehme;
Und kehr' ich in Begleitung wieder heim,
Dann öffnet froh uns Euer gastlich Haus.

Marchese.

Von Eurer Reis' ein andermal, Ihr werdet
So einsam uns nicht lassen wollen! Seht,
Der Meister hier sagt mir so eben auch,
Daß er schon morgen von uns scheiden will.

Pause. Alle sehn auf den Mahler, der mit niedergeschlagenen Blicken steht; Kamilla scheint auf eine Antwort gespannt zu horchen. Endlich naht sich ihm Leonhard zögernd.

Leonhard.

Du gehst von mir?

Der Mahler nickt ohne zu antworten mit dem Haupte.

Kamilla.

O sprecht, daß ich es höre! —

Mahler.

Ich denke meine Heimath aufzusuchen.

Kamilla.

Fühlt Ihr Euch nicht mehr heimisch unter uns?
Was reißt Euch plötzlich von Lenardo's Herzen?

Mahler.

Die Brust erfüllt oft ungenanntes Sehnen!

Kamilla.

Vielleicht hofft eine alte kranke Mutter — —

Mahler.

Die Meinige hofft hier nicht mehr, sie schläft. —

Kamilla.

Ein Vater, oder liebende Geschwister ——

Mahler.

Ich habe niemand, stehe ganz allein! —

Kamilla.

Beruhigt uns; nennt doch nur einen
Grund! —
Euch zieht vielleicht ein süß Geheimniß
fort —
Vielleicht harrt Euer sehnend die Geliebte.

Mahler.

Nein, meine Liebe ist dem Tod verfallen!

Graf, für sich.

Bei Gott, geheime Schuld bleicht sein
Gesicht! —
Laut zum Mahler.
Wenn, wie es scheint, Ihr nur zu reisen
wünscht,

So werdet Ihr doch Euer Wort mir halten,
Und mich begleiten.

Mahler.

Laßt allein mich gehn!
Bleibt heim! Die Reise wäre doch vergebens.

Graf.

Vergebens meint Ihr? Nein, das hoff' ich nicht.
Euch aber scheint nicht wohl mehr unter uns.

Marchese, zum Grafen.

Was quält Ihr ihn! Ich weiß was ihn bewegt.

Zum Mahler.

Warum verschweigt Ihr doch die Todespost!

Zu den Uebrigen.

Ein Freund ist ihm gestorben.

Leonhard.

Deshalb also? —

Mahler.

Ja! ich will gehn an seinem Grabe weinen!

Graf, für sich.

Ich glaub' ihm nicht!

Kamilla.

Ihr sollt nicht weinen!

Mahler.

Wenn
Des Lebens heißer Tag zur Rüste ging,
Verlangt die Nacht des Todes ihren Thau.

Marchese.

Wie hieß er doch? Ihr nanntet mir den
Namen —

Der Mahler schweigt sehr bewegt.

Graf, bitter.

Ihr habt ihn schnell vergessen, wie es
scheint.

Mahler,

mit großer Ueberwindung.

Noch nicht! — Mein todter Freund hieß — Anton — Lenz. — —

Kamilla.

Lenz? — O mein Gott! — War er ein Mahler?

Mahler.

Ja!

Ein armer deutscher Mahler Anton Lenz! —

Graf.

Es kann nicht seyn! Ihr lügt!

Kamilla,

fast zusammensinkend.

Mein Sohn! — Lenardo!

Leonhard.

Die Mutter sinkt in Ohnmacht!

Mahler, still für sich.

Lebe wohl!

Graf, zum Mahler.

Was, Unmensch, that sie Euch? —

Marchese, zu Kamillen.

Komm auf Dein Zimmer!

Kamilla,
sich mühsam aufrichtend.

Des Todesfittig ist so kalt, so kalt! —
Die Nacht viel finstrer noch als meine Nacht!
Ich werd' ihn nicht mehr finden — er ist stumm!

Marchese und Leonhard führen Kamillen ab.

Dreizehnter Auftritt.

Der Graf. Der Mahler.

Mahler, ihr nachsehend.

Leb wohl! Du find'st ihn nicht mehr, er
ist stumm!

Er will gehen.

Graf,

wie aus dumpfem Sinnen auffahrend und ihn zurückhaltend.

Mensch! Spotte nicht mit ihren eignen
Worten!

Sanfter.

O! ich beschwör' Euch, widerruft die Lüge! —
Ihr wißt nicht, welche Hoffnung sie vergiftet!

Mahler.

Wüßt' ich es auch, ich kann nicht widerrufen!

Graf.

Habt Ihr nicht selbst mich zu ihm führen
wollen?

Mahler.

Ich dacht' es, doch Ihr findet ihn nicht
mehr.
Erst heut' erhielt ich Nachricht seines Todes.

Graf, für sich.

Gott, wär' es möglich? Wär' auch hier
sie frei!

Mahler.

Nehmt denn das Glück, das Ihr ihm
zugedacht,
Und legt getrost es an die eigne Brust.

Graf, für sich.

Was ist das? Hat er mich errathen? —
Laut. Ha!
Mir graut vor Euch, als wärt Ihr der
Versucher.

Der listig fremdes Glück zum Köder beut,
Damit er hinterrücks entschlüpfen könne. —

Dringend.

Und hört! — Ich will vergessen, Ihr sollt gehn! —
Ich will nicht fragen, was Ihr einst verschuldet,
Nur sagt: Ihr habt gelogen! — Sagt: er lebt! —

Mahler.

Mein edler Freund, der Argwohn gegen mich
Ist Euch gewiß so fremd, wie mir die Schuld!
Ich liebe Euch, ich hab' Euch längst verstanden,
Und neige mich vor Eurer stillen Größe;
Doch stellt auch mich zu tief nicht unter Euch,
Und glaubt mir, daß der Mahler Lenz gestorben.
Legt ihm das Kreuz zum Denkmal auf den Hügel!

Nach einer kurzen Pause, in welcher der Graf in sich versunken steht, kommt eilig Leonhard zu den Vorigen.

Leonhard.

Eilt lieber Oheim! Eilt zu meiner Mutter!
Ach, sie ist außer sich! Euch will sie sprechen!
Großvater hieß mich gehn, ich sollt' Euch
rufen.

Mahler, für sich.

O weine! weine!

Graf.

Will von mir sie Trost?
Ich habe keinen, wenn er Wahrheit sprach!

Zum Mahler.

So fordr' ich Euch vor ein geheim Gericht!
Vorlegen will ich Euch zerrißne Kränze,
Vorstellen einen stummen bleichen Zeugen,
Könnt Ihr vor dem bestehn, will ich Euch
glauben!

Ab.

Vierzehnter Auftritt.

Der Mahler. Leonhard,
er steht scheu von ihm entfernt.

Mahler.

Mein Leonhard, mein Sohn! Wir müssen
scheiden!

Leonhard.

Warum denn Meister? —

Mahler.

Frage nicht, wir müssen!
Komm, lege Dich noch einmal an dies
Herz! —
Du stehst und zauderst? Bin ich Dir schon
fremd? — —

Leonhard, halb für sich.

Fremd'? — Ach, wie soll ich mich von ihm
entwöhnen? —

Mahler.

Nimm Abschied von dem Baum, in dessen Zweigen
Dein Nestchen war, wo Du der jungen Brut
Der Nachtigall gleich, Deine ersten Lieder
Gesungen! — Ach! Es naht des Schicksals Winter,
Der Baum erstirbt — Du flatterst froh in's Leben.

Leonhard.

Hältst Du mir also Dein Versprechen, Meister?
Was Dich das heil'ge Band zerreißen heißt,
Dich von mir jagt, es kann nichts Gutes seyn.

Mahler.

Wie? — Auch in Deiner Seele steigt ein Dämon
Des finstern Argwohns gegen mich empor?

Dann freilich ist der Herzen Band zerrissen!
Hast Du den Glauben an mich aufgegeben,
Die Frucht der Liebe, nun dann ist sie selbst
Auch schon gebrochen; und das Scheiden reif!

Leonhard.

Sey nicht so grausam bei dem nahen Abschied.

Mahler.

Du auch nicht! — Thu', als liebtest Du mich noch!
Ich will nicht fragen, was Dich von mir wendet,
Will nicht die Stimme kennen gegen mich!
Vertheidigst Du mich nicht! Ich mag es nicht! —
Doch gieb der Kindesliebe süße Gabe
Mir auf den Weg, damit ich daran zehre,
Wenn's öde wird, und wenn mein Herz verarmt.

Leonhard.

O Meister! — Vater! —

Mahler.

Schau' mir doch in's Auge!
Erblickst Du des Bewußtseyns Flecken drinn,
Obgleich von Thränen es verschleiert ist? —
Leg' Deine Hand auf diese Brust, zwar schlägt
Das Herz viel höher, als Du's je gefühlt,
Doch nur von unnennbarer reiner Liebe!
Sie heißt mich von Dir gehn und heißt mich schweigen.

Leonhard.

Die Liebe, denk' ich, sie verbirgt sich nicht.

Mahler,

mit zum Himmel gefalteten Händen.

O, daß ich Dir mich zu vergleichen wage. —

Zu Leonhard.

Welch Auge schaut den Quell der höchsten Liebe,

Die ihre Sterne durch den Aether führt,
In Licht sie taucht, daß sie die Strahlenarme,
Wie Brüder, auf der langen Bahn sich
reichen,
Die auch mit Thau die Rosenknosp' erquickt
Und ihr zum Duft den süßen Athem giebt?
Ein heil'ger Geisterschleier hüllt sie ein —
Und doch glaubst Du an sie, Du fühlst ihr
Walten!
So glaube denn an meine Liebe auch,
Du wirst sie fassen, wenn ich nicht mehr bin,
Sie ist ein Tropfen aus dem Urquell dort,
Und rein wie er! —

Leonhard, ihn umschlingend.

Ja! Ja! ich glaube dran!
Wie dürft' ich zweifeln, hat mich dieser Engel
Nicht durch das Leben bis hierher geführt? —
Mein Vater! O verzeihe Deinem Kinde!

Mahler.

Nicht Dir, mein Sohn, dem, der des Miß-
trauns Saamen

In Deine Brust gestreut, muß ich verzeihn.
Doch hast Du Zweifel? Sprich sie muthig aus,
Ich will mich gegen Dich vertheidigen.

Leonhard.

Vertheid'gen? — O, demüth'ge mich nicht mehr!
Nein! — Nein! — Dein Herz hat nie gehaßt; Dir ist
Der Rache blutiger Gedanke fremd;
Hast nie Tyrannen Deine Hand geliehn,
Der Freiheit muth'ge Kämpfer zu erwürgen.

Mahler.

So wahr ein Gott lebt, nein! Das hab' ich nicht!
Wer wälzt auf mich so schändlichen Verdacht?

Leonhard.

Laß auch mich schweigen! Frage nicht, mein Vater!
Die Kindesliebe wird Dein Anwalt seyn.

Was kannst denn Du dafür, wenn Feindes Hand
Dein Werk entweihte? Wer verdammt die Sonne,
Wenn Frevler Hände ihre milden Strahlen
In einen Brennpunkt fassen und die Hütte
Zu Asche brennen mit der Himmels=Gluth.

Mahler.

Ich staune! Rede! Löse mir die Räthsel!

Leonhard.

Nein! Ueber meine Lippen kommt nichts weiter.
Mein Herz ist Dir kein Räthsel! Sieh ich will
Sogar Dir glauben, daß wir scheiden müssen!

Mahler.

So hab' ich Dich denn wieder, eh' ich gehe?—

Leonhard.

Wo gehst Du hin? — Ach! Kehrst Du nicht bald wieder?

Mahler.

Das steht in Gottes Hand! — Ich glaube, nie!

Leonhard.

Nie wieder? — So verlassen willst Du gehn,
So ohne Schutz hinausziehn in die Welt?
O nimm ein Zeichen meiner Liebe mit,
Denn der Verfolgung furchtbares Gespenst
Eilt oft dem unbeschützten Pilger nach!
Nimm dieses Schwerdt, das Dir die Liebe beut,
Auf daß es Dich, ein treuer Freund, begleite!
Es war zu einem heil'gen Kampf geweiht,
Drum rüstet Dich Dein Kind damit zum Streite.

Er reicht ihm seinen Degen.

(Der Vorhang fällt.)

Fünfter Aufzug.

Offne Gallerie aus dem Ende des dritten Acts, noch matt erleuchtet. Es ist Nacht.

Erster Auftritt.

Der Mahler kommt langsam gegangen und schaut eine Zeitlang schweigend in die Nacht hinaus.

Mahler.

Des Tages lauter Sturm hat sich gelegt; —
Nur von des Schlafes tiefen Athemzügen
Wird noch das stille Meer der Nacht bewegt, —
Nur von dem Traum noch läßt das Schiff sich wiegen, —
Und jenseits winkt das Land; des Leuchtthurms Flammen,
Sie rufen all die Schiffenden zusammen. ——
Es ist beschlossen! — Ja ich will hinaus!
Nacht, lege Deinen Frieden auf dies Haus,

Und leuchtet mir auf meiner Bahn ihr
Sterne! —
Und wenn die Glocke wieder ruft: es tagt! —
Und wenn das Herz in Liebe nach mir
fragt! —
Lebt wohl! — Lebt wohl! — Dann bin
ich ferne! — —

Zweiter Auftritt.

Der Mahler. Der Kastellan.

Kastellan.

Ihr winktet mir, als Ihr den Saal ver-
ließet,
Ich komme Eure Wünsche zu vernehmen.

Mahler.

Ist es schon spät? Sind Alle schon zur
Ruhe?

Kastellan.

Spät wohl, allein die Ruhe will nicht
kommen;
Das Schloß ist voll, sie findet keinen Raum,
Selbst an der Tafel nimmt sie nicht mehr
Platz.
Der Herr Marchese nur ließ sich's wohl
schmecken,
Der Graf, die Gräfin, auch der junge
Herr
Sie haben nicht zu Nacht gespeißt, wie
Ihr.
Was hat Euch denn den Appetit verdorben?

Mahler.

Mir? — Alter, ist in Eurem langen
Leben
Des Abschieds Schmerz Euch fremd ge-
blieben?

Kastellan.

Fremd? —
O nein! So ziemlich hab' ich mich an allem

Was uns das Schicksal einzuschenken pflegt,
Schon satt getrunken.

Mahler.

Habt Ihr? Seht auch mich
Hat heut der Abschied thränensatt gemacht.

Kastellan.

Wie? Wollt Ihr uns verlassen?

Mahler.

Ja! ich muß.

Kastellan.

Ihr müßt? — So! so! Ja Muß thut immer weh.
Nicht wahr, in diesem Schlosse wohnt sich's gut?
Ihr findet's nicht gleich wieder so! — Und doch
Scheint's Euch gerathner in die Welt zu gehn?

Mahler.

Der Mensch hat nicht sein Bleiben auf der
Erde.
Er darf nicht weilen, wo der Himmel
nah'! —
Drum muß ich gehn.

Kastellan.

Könnt Ihr's nicht lassen, thuts;
Allein was macht Ihr mich hier zum Ver-
trauten?

Mahler.

Die Nacht ist eine treue Wärterin;
Denn reicht das Leben bittre Arzeneien,
So giebt sie uns des Schlafes Honigseim,
Erzählt geduldig ihrer Träume Mährchen.
Und so vergessen wir das Weinen. — Ach,
Ist Abschied nicht ein herber Wermuths-
Trank? —
Seht, ich will ihn bis auf die Neige
leeren,
Indeß die Nacht sorgsam mit ihrer Hand

Die andern theuren Augen fest verdeckt,
Daß sie nicht sehn und beben, wenn ich trinke.

Kastellan.

Ihr wolltet in der Nacht?

Mahler.

Ja diese Nacht! —
Still sagt' ich Jedem schon mein Lebewohl,
Der Liebe Segen sprach ich über Alle
Im Herzen aus, nun bin ich reisefertig.
Zur Mitternacht, dann öffnet mir die Pforte,
Dann will ich gehn.

Kastellan.

So? — Nun, Ihr sollt mich finden.

Mahler.

Dann werd' ich Euch den letzten Gruß vertraun,
Die letzte Bitte, daß sie mein gedenken,
Wie eines Frühvollendeten.

Kastellan.

Schon gut! —

Mahler.

Doch eine Bitte noch! — Wo ist das Bild? —

Kastellan.

Welch Bild meint Ihr?

Mahler.

Der Gräfin Konterfei,
Das ich gemahlt! — —

Kastellan.

Es hängt im Rittersaale.

Mahler.

Auch von ihm will ich Abschied nehmen! — Laßt
Es mich noch einmal sehen, eh' ich scheide.

Kastellan.

Ihr werdet dort noch mehr der Bilder
finden,
Die von Euch freundlich Abschied nehmen
möchten.

Mahler.

Ihr willigt ein? — Seyd aber ja ver-
schwiegen!

Kastellan.

Ei das versteht sich! — Ich begreife ja
Die gute Absicht, die Ihr habt. Ich werde
Zur Mitternacht den Rittersaal Euch öffnen.

Mahler.

So eile Nacht mit deinem Schlaf herbei!
Das Leben ruht — nur Todte wandeln frei.

Ab.

Dritter Auftritt.

Der Kastellan allein.

Fein angelegt! Bey Nacht will er entweichen?
Der alte Dummkopf, denkt er, läßt ihn gehn,
Und öffnet für ein Trinkgeld gern die Pforte.
Es ist gewiß, ihn treibt Gewissensangst,
In jedem Winkel droht das Galgenbild.
Flucht soll ihn retten, eh' man ihn errathen.
Nein Bösewicht, mir sollst Du nicht entkommen!
Der Himmel liefert Dich der Rache aus!

Vierter Auftritt.

Der Kastellan. Der Graf und Julie treten hastig ein.

Graf,

als er den Kastellan sieht, der schnell auf ihn zu eilt.

Auch hier nicht ungestört! —

zum Kastellan.

Laß uns allein!

Kastellan.

Ich habe Wichtiges Euch zu berichten — —

Graf.

Ich habe Wichtigers zu hören. — Geh'!

Kastellan.

Herr Graf, ich bitte einen Augenblick —

Graf.

Jetzt nicht.

Kastellan.

Der Mahler will — —

Graf.

Schweig und geh' schlafen!
Komm morgen früh'! Jetzt aber laß uns! —
Geh'!

Kastellan geht unwillig ab.

Graf, dringend zu Julien.

Weiß der Marchese, wer das Bild gemahlt?

Julie.

Ich sagt' es warnend ihm, doch glaubt' er's nicht.

Graf.

Ich zweifle auch. Das Mahlerzeichen und
Die Eil der Reise — sind gar böse Zeugen.
Was treibt ihn fort? Wärs nicht geheime Angst.

Julie.

Wie, ahnet Ihr noch nicht, wen Ihr verdammt?

Graf.

Ich bitt' Euch, redet! Des Geheimnisses
Gewitter-Schwüle kann ich nicht ertragen.
Führt sie im Sturm herauf die Wetterwolke,
Und gebt Euch mit Vertraun in meinen Schutz.

Julie.

Vertraun? — Denkt Ihr der Stunde, wo Kamilla
Mit Eurem Bruder am Altare stand?
Wo wie ein sterbend Ach! das leise: Ja!
Von ihren Lippen bebt', als spräche sie:
Leb' wohl! Leb' wohl! Du Blüthenzeit der Liebe! —
Ich faßte nur das Opfer, das sie brachte,
Ich kannte nur der Blume inn'res Leben,
Die an des Nordes rauher Hand erstarb,
Und konnte doch nur weinen, sie nicht retten. —
Ich schaute mich im Kreis der Gäste um,
Die höflich lächelnd auf das Brautpaar blickten,

Bereits den Glückwunsch auf der Lippe
tragend,
Und dachte: Ist kein Herz, das mit mir
trauert?
Da sah' ich eines Jünglings herrliche
Gestalt, an einem Pfeiler sinnend lehnen;
Die schönen Züge waren ernst und blaß,
Das große dunkle Auge thränenvoll,
Und als die Braut das herbe: Ja! ge-
sprochen,
Schlug er den Blick wie betend auf zum
Himmel
Und legt' die Hand auf's Kreuz an seiner
Brust,
Als wollt' er sagen: Ich bin auch geopfert! —
Er trug das Ordenskleid der deutschen Herrn.

Graf, sanft.

Was soll das, Fräulein!

Julie.

Habt Ihr ihn errathen?
Ich konnte diesen Jüngling nie vergessen. —

Und schien des Lebens Kampf auch mir zu
schwer,
Dacht' ich an seine siegende Gestalt,
Schlug auch die Augen nach dem Jenseits auf,
Drückt' auch die Hand beruh'gend auf das
Herz,
Und stellt' im Geist mich kühn ihm an die
Seite.

Graf, halb vor sich.

Ja damals war ich Sieger! — Doch das
Herz
Wird auf dem langen Wege bis zum Grabe
Auf einmal nie besiegt!

Julie.

Hat jener Jüngling
In einem spätern Kampfe unterlegen?
Stieg nur am Morgen siegend auf die
Sonne,
Und hat sie späterhin mit ihrer Glut
Zerstörende Gewitter ausgebrütet?
Ward seiner Brust des Kreuzes Last zu
schwer?

Will er sie nun abwerfen, und die Riegel
Aufschieben an dem Thor der Leidenschaft? —

Graf.

Nein! — Nein! — Was unterm Kreuz
schläft, sey begraben,
Bis es ein schön'rer Morgen weckt.

Julie.

Wohlan,
So steht der Jüngling wieder vor mir da,
Und dem will ich mich unbedingt vertraun! —
Zürnt nicht! — Ich kenne Eure stille Liebe,
Ich weiß, Ihr habt des heil'gen Vaters
Wort
Für Euch, wie des Marchese Vatersegen.

Graf.

Was hilft der Segen ohne ihre Liebe?
Die goldne Fassung ohne Edelstein? —
Nur in dem Glück, das ich Ihr bringen
wollte,

Durch meine nicht, durch des Geliebten Hand,
Wollt' ich ihr zeigen, wie mein Herz sie
liebt!

Julie.

Habt Ihr es nicht vernommen: Lenz ist
todt!
Winkt nicht von seinem Grab' Euch neue
Hoffnung?

Graf.

Nein! — Denn in ihrem Herzen stirbt
er nicht!
Aus diesem Tempel reißt ihn kein Verfolger,
Selbst nicht der Tod. Auch meine Liebe soll
Sich in dies Heiligthum nicht drängen wollen.

Julie.

Dein Sieg ist größer, als des Jünglings
Sieg!
Ich reich' Euch jetzt den Lohn für Eure
Tugend.

Kamilla's Glück ruht noch in Euren Händen,
Nicht todt ist Lenz! —

Graf.

Er lebt? — O sprächt Ihr wahr!
Ich will ja gern dem strengen Tod sein Leben
Abtauschen mit dem Meinigen.

Julie.

Nein, lebt
Auch Ihr, und führt die Liebenden zu-
sammen! —
Ich habe des Marchese List durchschaut:
Um seiner Tochter neuerwachte Liebe
Mit einem Schlag zu tödten, die auf Euch
Gestellten stolzen Hoffnungen und Pläne
Rasch zu erfüllen, Euren eignen Wünschen
Im Streit mit Eurer Tugend beizustehn,
Hat er der Lüge feinen Plan durchdacht.

Graf.

Grausames, stolzbethörtes Vaterherz!
Er hat den rechten Mann dazu erkauft,

Die Hand, die meinen Bruder mordete,
Legt auch die Natter an Kamilla's Brust.

Julie.

Graf, frevelt nicht! In jenem reinen
Munde
Wird selbst die Lüge zu der höchsten Tugend.
Sagt Euch Kamilla's innere Bewegung
Nicht, daß sie des Geliebten Nähe ahne? —
Könnt Ihr der Schuld verbleichte Farben
nicht
Vom Todeskampf der Liebe unterscheiden?
Die sterben will, damit die Eure lebe?

Graf.

Wie? ahn' ich recht? Wärs möglich? —

Julie.

Ja, es ist!
Des Schicksals Prüfung habt Ihr treu
bestanden.
Jetzt will es enden und vertraut mit Stolz
Die schwere Lösung Euch, dem Sieger, an.

Ja, Graf, der Meister, den Ihr hart beschuldigt,
Er ist der Anton Lenz!

Graf.

Es lebt ein Gott!
Und nicht umsonst läßt er die Opfer bluten! —
Habt Ihr ihn denn erkannt? Hat Er sich Euch
Entdeckt? und Ihr habt schweigen können?

Julie.

Wohl hab' ich ihn erkannt. Er hat sich mir
Mit seiner treubewährten Lieb' entdeckt.
Doch wollt' ich sie allein vollenden lassen.
Ich dachte, eines Kindes letzte Hoffnung,
Des Mahlers reine, vielgeprüfte Liebe
Und Eure hohe Tugend, sollten doch
Den Sieg ob eines Vaters Stolz gewinnen.
Allein, er merkte wohl den harten Kampf,
Vertraut dem Meister seine Wünsche an,

Entdeckt ihm das Geheimniß Eures Herzens,
Und dingt ihn, unbewußt daß Lenz es sey,
Zum Mörder seiner eignen Liebe.

Graf.

Und
Er willigt ein? Kann den Gedanken fassen,
Noch einmal die Geliebte aufzugeben? —

Julie.

Hat er nicht, wie ein Engel unsichtbar,
Euch allen nah' gestanden? — Hat er nicht
Die Schlange, die das Paradies vergiftet,
Des Vaters Fluch, von fern aufsteigen sehn?
Habt Ihr ihm Euer Herz so tief verhüllt,
Daß er den Kampf nicht sah' und nicht den Sieg?
Und wär' er ihrer Liebe werth, könnt' er
Nicht still verschwinden, eh' er Euch erschreckt?

Graf.

Wie tief beschämt steh' ich vor seiner Reinheit!

Wie beugt mein Stolz vor dieser Demuth
sich,
Die selbst vom Rabenfittig des Verdachtes
Umnachtet, desto geist'ger lebt und schafft,
Gleich der Viole, die in Nacht nur duftet. —
Ja ihr sollt glücklich seyn, ihr treuen Herzen!
So ausgerüstet, ist mein Sieg gewiß.

Julie.

Doch seyd vorsichtig, denn auch sein Ent-
schluß
Zu schweigen und zu gehn, steht felsenfest.
Beschworen hat er mich, nie zu enthüllen,
Was ich verrieth. Wüßt' ers, daß ichs
gethan,
Ich glaub', er unternähm' das Aeußerste.

Graf.

Vorsichtig? — Nein, ich trete offen hin! —
Des Abschieds Augenblick soll es vollenden.
Wenn er das Lebewohl aussprechen will,
Und ich ihn bei dem alten Namen rufe —
Wenn, das Geheimniß lösend, die Geliebte

Ich ihm entgegen führe, wann der Jüngling,
Den sie gebahr und er erzog, sie beide
Mit seinen Kindes=Armen fest umschlingt,
Wenn dann, o Ew'ger! mach' es wahr! —
die Liebe
Mit solcher Allgewalt ihr Herz durchzuckt,
Daß selbst die todten Nerven all' erwachen,
Und neue Flammen ihre Nacht erhellen,
Um den Geliebten wieder zu erkennen!
Dann will ich sehn, wer noch dazwischen
tritt. —
Vor eines solchen Augenblicks Gewalt
Springt jede Felsenrinde von der Brust.

Julie.

So führt es aus! Doch soll Kamilla
weinen?
Noch um ihn weinen, bis sie ihn umfängt?

Graf.

Gewährt ihr Trost, indem Ihr Hoffnung
gebt.

Stellt Euch der Todesnachricht dreist ent-
gegen.
Beruhigt sie, doch nehmt voreilig nicht
Dem Augenblick des Findens seine Kraft;
Bis Morgen sind nur kurze dunkle Stunden.

Fünfter Auftritt.

Die Vorigen. Leonhard.

Leonhard.

Welch eine Mutter hab' ich, Oheim! Ach,
Wie hat ihr schönes Herz sich mir geöffnet!
Wie fühl' ich mich ihr so verwandter noch!

Julie.

Hat sie Dir ihren Kummer anvertraut?

Graf.

Hat sie der Liebe Himmelsbild zuerst
Im Spiegel ihres Herzens Dir gezeigt?

Leonhard.

Ja! — Ja! — In ihres Busens heil'gem Buche
Hab' ich die Flammenschrift gelesen. — Gott!
Wie ist der Liebe Schmerz so süß und ewig!

Graf.

Da Du den Schmerz kennst, bist Du vorbereitet
Die Wonne zu empfinden, sie ist nah! —

Leonhard.

Nah'? sagt Ihr? — Nein das Grab sey ihr nicht nahe!
Und jenseits doch nur hofft sie erst Gewährung.
Geh' Julie, bring' ihr Deinen sanften Trost,
Sie harrt auf Dich, sie will nicht schlafen gehn,
Sie sitzt im Garten an der Felsengrotte,
Die Augen still zum Himmel aufgerichtet,
Als könne sie der Sterne Wandeln sehn,
Und lauscht der Nachtigall, und weint mit ihr.

Julie.

Ich will sie auf ihr Zimmer führen, und
Mit süßem Hoffnungslied zum Schlaf sie
wiegen.

Ab.

Leonhard.

Auch auf des Meisters Zimmer ist noch Licht.
Auch er schläft nicht. — O laßt mich zu
ihm gehen,
's ist ja die letzte Nacht vor unserm Scheiden.

Graf.

Die letzte nicht. — Nie soll er uns ver-
lassen!
Dein Glaub' an ihn, er hat sich treu
bewährt.
Hat Dich in das Geheimniß ihrer Liebe
Der Mutter zart Vertrauen eingeweiht;
So darf ich Dir des Schicksals Gang ent-
hüllen. —
Komm auf mein Zimmer!

Beide ab.

Sechster Auftritt.

Der Kastellan kommt mit einem brennenden Lichte in der Hand von einer andern Seite schnell herein und bleibt, als er das Zimmer leer sieht, nachdenkend stehen. Dann geht er entschlossen ab.

Siebenter Auftritt.

Kamilla. Julie.

Julie.

Komm meine Freundin! Komm! Genieß der Ruhe!
Gieb nicht zu früh dem Kummer Raum. Warum
Glaubst Du dem Trauerbothen mehr als mir?
Ich schwör' es Dir! Die Nachricht ist erlogen!
Er ist nicht todt!

Kamilla.

Den Worten glaub' ich nicht,
Doch dem Gefühl, das mir das Herz durch-
zuckte,
Als sie es kalt aussprachen: er sey todt!
Dem glaub' ich, denn in jenem Augenblick
War mirs, als spräch' er selbst: ich bin
gestorben!

Julie.

Hab' ich Dir je schon Trost gereicht, um Dir
Aus nicht'ger Honffung ein zerbrechlich Fahr-
zeug
Für eine kurze Stunde aufzubaun? —
Hab ich nicht lieber treu mit Dir geweint?
Jetzt aber weiß ich, daß man Dich getäuscht,
Sie sollen morgen Dir es selbst bekennen.

Kamilla.

Wo sind wir?

Julie.

In der offnen Gallerie.

Kamilla.

Ganz recht. — Sieh', als Du gestern
meine Harfe
Mir holtest, betete ich hier für ihn. —
Da fühlt' ich klar, daß er mich nah' um-
schwebte;
Und als ich meine Arme sehnsuchtsvoll
Nach ihm ausbreitete, vernahm ich deutlich,
Als ob der West auf seiner Aeolsharfe,
Der Töne süße Namen liebend rufte,
Von einer Geisterstimme meinen Namen.
Jetzt faß' ichs wohl, es war sein Abschieds-
Ruf,
Er sagte mir: Mein Geist und Dein Gebet,
Sie steigen einen Weg zum Vater auf.

Julie.

O bete! bete! Ahnungsvolles Herz!
Dort wohnt ein Vater, der sein Kind erhört!

Kamilla.

Ich weiß es wohl, es kann nicht anders seyn,

Bevor das unhochzeitliche Gewand
Ich nicht in dunkler Kammer abgethan — —
Dann wird sein Thron des Lichts mein Braut-Altar.

Julie.

Nein, seine Huld wird Dir ihn hier bereiten.
Komm auf Dein Zimmer! schlumm're ruhig ein!
Für Deine Liebe wacht des Ew'gen Auge.

Kamilla.

Ich kann nicht schlafen! Ist's bald Mitternacht?

Julie.

Ich glaube!

Kamilla.

O dann wache noch mit mir.
Der Graf ließ sich vernehmen, daß ein Geist

Im alten Saal umgehe. — Schaudre nicht,
Sieh nur, mir graut vor Geistern auch nicht mehr,
Denn er steht jetzt in ihrem großen Bunde.
Mein Schlafgemach stößt an den Rittersaal —
Ich will noch wach seyn, wann die Geister walten.

Julie.

Was glaubst Du jetzt an Geister! Nicht durch sie
Schickt er Dir seinen Gruß, er bringt ihn selbst.
Erspare Dir die Regung, komm zu Bette!
Schon schläft der Vater und das ganze Haus.
Du wirst ja Kräfte brauchen für die Freude,
Die Deiner wartet; traue mir, sie ist
Dir näher als Du denkst.

Kamilla.

O ich bin stark!
Wie möcht' ich alles sonst ertragen haben.

Laß erst die Mitternacht vorüber ziehn,
Daß sie ihr Bild in meinen Augen sieht;
Dann will ich schlafen gehn! Komm, führe mich.

Beide ab.

Veränderung. Rittersaal.

Achter Auftritt.

Der Marchese. Der Kastellan, mit einem Lichte; beide bewaffnet.

Marchese.

Hab' Dank, daß Du mit Deinem Wächterrufe
Mich aus dem ersten Schlaf geschrien, Du bist
Ein treuer Hüter unsrer Ehre.

Kastellan.

Herr,

Was hilft mein Wachen, denn verschließ ich ihm
Die Thür, so wird das Fenster ihm zur Pforte.
Ich konnte ja nicht schweigen, bis der Frevler
Entsprungen war, eh' er gerichtet ist.

Marchese.

Dein unbestochner Blick sah' scharf. Allein
Er hat ein Recht auf meine Dankbarkeit,
Und bis ich mich nicht völlig überzeugt,
Möcht' ich ihn gern bei gutem Muth' erhalten,
Es ist mir lieb, daß er uns bald verläßt.

Kastellan.

Lieb? — Nein, er darf lebendig nicht von hier.
Erkennt Ihr nicht das Brandmahl seiner Kunst?
Nicht die Gewissens-Angst, die in der Nacht,

Wenn alles schläft, ihn in das Weite jagt?
Traut Ihr dem Mährchen, das das Fräulein Euch
Erzählte, mehr, als Euren eignen Augen.

Marchese.

Was weißt Du?

Kastellan.

Herr verzeiht, ich stand Euch nahe,
Ihr saht mich nicht, als auf den armen Lenz
Die ganze Schuld geschoben ward; — er weiß
Es, daß ein Weib leichtgläubig ist und gern
Das ihr Vertraute weiter mag verbreiten;
Ihr spracht ja selbst, der Mahler Lenz sey todt,
Laßt doch den Todten sich vertheidigen.

Marchese.

Ja Du hast recht! — Es wird mir alles klar.

Mehr für sich.

Schweigt er, so meint er, müss' auch ich wohl schweigen;
Lenz soll nicht blos für mich gestorben seyn,
Auch er will seinen Theil mit ihm begraben.
So hält er mich in seiner Hand; ich wollte,
Daß ich den Mund ihm fest verschließen könnte,
Auf immer! — Und warum nicht, wenn er schuldig?

Kastellan.

Recht! Schuldig! — Glaubt Ihr's endlich jetzt? — Der Graf
Verschmäht die Warnung seines alten Dieners.
Verblendet von der Hölle Gaukelei,
Durch ihren Zögling, den sie hergesendet,
Sieht er die Teufel selbst für Engel an.

Marchese.

Laß ihn! Sein Herz bewegen andre Sorgen!
Es ist genug, daß ich es weiß! — Ich bin
Noch Mann genug! — Und mir gehört die Rache.

Kastellan.

Ich habe die Bedienten aufgeweckt.
Am Schloßthor steh'n sie meines Rufs gewärtig.

Marchese.

Meinst Du, wir brauchten Hülfe gegen ihn.
Er führt den Pinsel nur, doch ich den Degen. —
Um Mitternacht, sagst Du, kommt er hieher?

Kastellan.

Noch einmal will er das Gemählde sehn.

Marchese.

So treibt ihn sein Verhängniß selbst herbei.
Doch, daß mir jeder Zweifel schwinden möge,
Will ich mich in Kamilla's Schlafgemach
Verbergen, denn Du sagst, sie sey noch wach!

Kastellan.

Ja Herr, ich sah die Gräfin noch im Garten

Marchese.

Wohl! Zeig indeß ihm ruhig unbefangen
Das dort verhangne Bild. Wird dann der
Schreck
Vor dem Erkennen jenes Basilisken,
Wenn er ihn wirklich ausgebrütet, das
Geständniß, eh' auf neue Lüg' er sinnt,
Von ihm erpressen durch Gewissensfolter;
So will ich furchtbar rächend vor ihm stehn,
Und mein Geheimniß durch sein Blut ver-
siegeln.

Kastellan.

Zählt dann auf mich!

Marchese.

Bist Du bewaffnet?

Kastellan.

Ja!
Allein die Stunde naht, verbergt Euch jetzt.

Marchese.

Zünd' an die Kerzen! daß das Licht ausströme,

Und der Entlarvte keine Handbreit Nacht
Vor uns sich zu verhüllen finden möge.

Ab.

Neunter Auftritt.

Während der Kastellan schweigend die Kerzen des Kronleuchters anzündet, schlägt die Schloßuhr 12.

Der Kastellan. Der Mahler.

Kastellan.

Ihr seyd sehr pünktlich!

Mahler.

Ha! da hängt mein Bild!
Ich dank' Euch alter Vater für die Stunde!
Doch schenkt sie mir auch ganz, laßt mich allein!

Kastellan.

Weshalb? — Ich will die übrigen Gemählde
Und die geschickten Meister auch Euch nennen.

Mahler.

Jetzt nicht! Gönnt mir nur wen'ge Augenblicke;
Was ich mit diesem Bild zu sprechen habe,
Geht mich nur an und Gott!

Kastellan.

So? — Nun ich gehe!
Doch kehr' ich bald zurück, denn ich bin müde,
Und wenn Ihr reisen wollt, so habt Ihr Eil'!

Ab.

Zehnter Auftritt.

Der Mahler allein.

Zu dem Bilde.

Hier darf ich Dir des Abschieds Worte sagen!
Dein Bild einsaugen für das arme Herz! —
Wie Du hier bist, so will ich Dein gedenken,

Will glauben, daß Du lächelst, wenn ich weine,
Daß Deine Zukunft diesem Bilde gleiche
Von meinem Herzen, meiner Kunst verklärt.
Es werden kommende Geschlechter oft
Hier vor Dir weilen, die Natur bewundernd,
Die alle Reitzesblumen, welche noch
Die späten Enkel einzeln reichlich schmücken,
Hier wunderbar zu einem Kranz gewunden. —
Und von dem Zauberglanz der Kunst gerührt,
Wird man des Mahlers Fähigkeit ermessen; —
Doch niemand weiß, was ihm die Hand geführt,
Und seine treue Liebe ist vergessen!

Mit Begeisterung.

's ist Mitternacht! — Ihr, der Gemählde Geister,
Die um mich stehn, seyd Ihr jetzt nicht erwacht? —
Geht Ihr nicht auch vorüber, alte Meister,
An Euren Werken, die mit Lieb' erdacht?
O zieht mich auf! — Zu Euch, zu Euch hinüber!

Wir wandeln dann allnächtlich hier vorüber.

Zu dem verhangenen Bilde.

Und Du, wer bist Du, in dem Schleier dort? —
Befürchtest Du, daß Dich ihr Glanz verblende?
Begrüß' den Engel, wirf die Hülle fort!

Er zieht den Vorhang weg und bebt zurück.

Was ist das? Hat die Hölle Dich gesendet?
Gräßliches Bild! erscheinst Du mir aufs Neue?
Willst Du mit Deinem Hohngelächter mir
Noch einmal Lieb' und Kunst entheiligen?
Mit den gespenstgen, halbverblichnen Zügen
Mich sinnverwirrend aus dem Heiligthume
Fortscheuchen, wo ich beten will? Hinab,
Hinab mit Dir! Der Du das Leben ihr
Vergiftet hast! Aus ihrer Nähe fort! —
Du bist mein Werk, so darf ich Dich vernichten.

Er zieht den Degen, um das Bild herab zu stoßen. Der Marchese und Kastellan treten schnell herein.

Eilfter Auftritt.

Der Mahler. Der Marchese.
Der Kastellan.

Marchese.

Halt ein, Verwegner!

Kastellan.

Steh! verkappter Sünder!

Mahler.

Was hab' ich Euch gethan? Was fallt Ihr mich
Mit solchen Worten an?

Marchese.

Fragt Ihr noch so frech?
Will Euer bloßer Degen nicht zum Kampf
Dies Bild hier fordern, das am Hochgericht
Den Grafen, meinen Eidam einst verrieth?
Ich stelle mich statt seiner!

Kastellan.

Und auch ich!

Mahler.

Wär's möglich! — Dies Bild schlug man an den Galgen?
Das hätt' ihn dort verrathen? — Du Vergelter,
Hör' auf zu rächen die gekränkte Liebe,
Es ist genug! — O sagt ihr nichts davon!
Vernichtet es! — Und nun lebt wohl! — Ich scheide! —

Marchese.

Nicht von der Stell', Ihr steht hier vor Gericht.
Denkt Ihr, die Nacht mach' aller Augen blind? —
Ihr habt Euch in der Lüge schwarzen Mantel
So tief verhüllt, daß ich Euch kaum erkannte,
Habt deshalb jeden Lohn von mir verschmäht,
Daß Ihr auf Lenzens frisch gebautem Grabe
Den Pranger ihm als Denkmal stellen könntet.

Mahler.

Schweigt! Welche Schuld hätt' ich auf ihn geworfen?
Ihr habt die Lüge mir zwar feil gemacht,
Doch zur Verläumdung bin ich nicht erkauft.

Marchese.

Wie? Habt Ihr Julien nicht vertraut, er habe
Das Bild gemahlt? — Die Thörin dachte gar
Mit dem Verhängniß mich in Furcht zu jagen,
Was durch die Fabel an das Bild sich knüpft.

Mahler, für sich.

Du hast es treu gemeint.

Marchese.

Mich täuscht man nicht!
Mein'twegen häuft auf Lenzens Tod die Schuld,
Um desto leichter wird sie ihn vergessen!

Mahler.

Vergessen? — Nein, sie soll ihn nicht vergessen!
Sie wird ihn lieben, was Ihr auch beginnt.
Ihr sollt das Bild nicht brauchen gegen ihn;
Vernichtet es, das Werkzeug höh'rer Rache.

Marchese.

Mahnt Ihr mich an die Rach'? Ich will sie nehmen.
Wer hat das Bild gemahlt? Lenz — oder Ihr?

Mahler, abgewendet.

Nichts trüb' ihr das Gedächtniß seiner Liebe!
Laut.
Nicht Lenz, — ich selbst, ich hab' das Bild gemahlt!

Kastellan.

Vernehmt Ihr? Er bekennt.

Marchese.

So hab' ich Dich
Du feiler Bösewicht, hier ist Dein Ziel.
Heraus mein Schwerdt! Ich stelle mich als Richter!

Er zieht den Degen, der Kastellan auch.

Mahler.

Der Herzenskund'ge dort, der wird uns richten!
Fort mit dem Degen; — werft auf mich die Schuld,
Und laßt mich das Geheimniß Eurer Lüge
Forttragen, eh's der neue Tag bescheint.

Er will seinen Degen einstecken.

Kastellan, auf ihn eindringend.

Sucht nicht die Scheid', ich suche Eure Brust.
Ihr habt den Degen dort entwandt, den wir
Zum Rachschwerdt gegen Euch geweiht, wohlan
So fall' das Amt des Rächers denn auf mich!

Mahler.

Die heil'ge Waffe schützt für solchen Mörder.
Zurück Verläumder! Sieh' wie schwach Dein
Arm!

Er wirft dem Kastellan den Degen gewandt aus der Hand.

Marchese.

Mir ist er aufgespart! Mein ist die Rache!
Vertheidigt Euch. Ich fordre Euer Blut!

Mahler.

Nein! nein, ich darf nicht! — Nein, es ist
ihr Vater!

Marchese.

So fahre denn zur Hölle, feiger Sünder!

Er durchsticht ihn.

Mahler.

Halt! Ihr habt gut getroffen! — Es ist
aus. —

Kastellan.

Er hat genug! Jetzt muß der Graf es wissen.
Eilt ab.

Mahler.

Der saure Weg wird kurz! — Leb' wohl,
Kamilla!

Zwölfter Auftritt.

Die Vorigen. Kamilla. Julie,
aus der offnen Thür des Schlafgemachs.

Kamilla.

Laß mich! Ich höre rufen, Waffen klingen —
Die Geister sind im Streit.

Mahler.

Es ist schon Friede!

Julie.

Barmherz'ger Gott! Was seh' ich, Lenz im
Blut!

Der Marchese bedeutet Julien, daß sie mit Kamillen fortgehen solle.

Kamilla.

Wie? Blutig? Blutig steht sein Geist vor Dir?

Julie,
zum Mahler hineilend.

Was ist geschehn? Ermannt Euch!

Mahler, bittend.

Schweigt und geht!

Julie.

Sinkt nicht! Seht doch Kamillen!

Mahler, überwältigt.

Ach! Kamilla!

Kamilla.

Horch! Das war seine Stimme! Horch! Er ruft!

Marchese, zu Julien.

Verlaß Ihn, sag' ich!

Julie.

Nein! Kamill' — er ist's!
Er streckt die Arme liebend nach Dir aus!

Kamilla.

Wo ist er? Wonn' und Graun durch-
schaudern mich —
Die Wetterwolken stoßen an einander —
Es zucken Blitze durch die Mitternacht —
Wie wird mir — wer zerreißt des Auges
Schleier?
Des Jenseits Strahlen brechen durch die
Schatten —
Wo ist er? —

Marchese.

Ich befehl' es, auf Dein Zimmer!
Fort mit den Weibern, wo die Männer
handeln.

Kamilla, ihn anstarrend.

Gestalt wer bist Du? mit dem blut'gen
Degen?

Gleichst Du nicht meinem alten harten Vater?
Willst Du auch zwischen unsre Geister treten?
An dieser Grenz' ist Deine Macht zu Ende!

Marchese.

Mir graut vor der Mondsücht'gen! bringt sie fort!

Julie.

Nein, dieser Augenblick muß alles lösen!
Was, Unbarmherziger, habt Ihr gethan?

Marchese.

Der Räuber unsrer Ehre ist gerichtet! —

Kamilla.

Ihr seyd so bleich — ist das Gericht schon nahe?
Der Morgen tagt, die Gräber springen auf!
Hältst Du Dein Wort, Vergelter? Heilst Du auch

Zerrißne Herzen? Giebst Du mir ihn wieder?
Wo ist Antonio?

Julie, zum Mahler.

Ruft sie bei Namen
Eh' ihr die Sinne schwinden!

Mahler.

O! Kamilla!

Kamilla.

Mich ruft die Liebe! — Wo erscheinst Du mir?
Ja, ich erkenne Dich! O nimm mich auf!

Sie stürzt ihm in die Arme, und sinkt sterbend nieder.

Mahler.

Geliebte, komm!

Julie.

O Gott! sie stirbt! sie stirbt!

Marchese.

Sie ist wahnsinnig! Reißt sie auseinander!

Dreizehnter Auftritt.

Die Vorigen. Der Graf. Der Kastellan. Bediente.

Graf.

Was geht hier vor?

Zum Mahler hineilend.

Mein Freund, seyd Ihr verwundet?

Mahler.

Bis auf den Tod!

Julie.

O helft!

Leonhard.

Die Mutter stirbt!

Graf.

Kamilla stirbt? — Lauft, schafft den Arzt herbei!

Bediente laufen ab, andere unterstützen den sinkenden Mahler.

Sind Meuchelmörder in mein Haus gebrochen?

Marchese.

Schlaft Ihr, muß ich ob unsrer Ehre wachen!
Seyd Ihr der Warnung taub; ich bin es nicht!
Dort ist der Bube, der dieß Bild gemahlt!

Graf,

auf den Kastellan deutend.

Hat Euch dieß Leichenhuhn hier wach geschrien?

Kastellan.

Ihr hörtet nicht auf meine treue Stimme!

Marchese.

Im Augenblick der Flucht ertappt' ich ihn,
Und habe meine Fordrung eingetrieben.

Graf.

Und seyd mit Eurer Kinder Tod bezahlt!
Ein Tempel Gottes war dieß reine Herz,
Das unter Eurer plumpen Hand zerbricht,
Ein unentweihter Altar, wo die Tugend
Geräuschlos ihre schwersten Opfer brachte.
Er hat geschwiegen, trotz des nahen Glücks!
Das Leben, das er sich um Euch bereitet,
Viel bittrer war's, als jetzt von Euch der Tod!
Vernehmt: Den Mahler Lenz habt Ihr gemordet!

Mahler zum Grafen.

Ihr kennt mich?

Marchese.

Lenz? — Ich bin kein Mörder, nein,
Nicht wahr, Du bist nicht Lenz? O sage nein!

Julie.

Er ist's! Vergebens hab' ich Euch gewarnt!

Marchese dumpf verzweifelnd.

Wo bist Du Tod!

Mahler,

mühsam zum Grafen.

Ich meint' es gut — sie sollte
Dir angehören! Doch nun ist sie mein!
Dank ihrem Vater, der uns selbst vereinigt.

Er stirbt.

Graf.

Nimm Deine Braut und eile heim mit ihr!

Leonhard.

Er stirbt! O Vater, zieh mich mit hinüber!

Marchese.

Kamill', erwache! Nein! Er stirbt noch nicht!

Mein Arm ist schwach, ich hab' ihn nicht getödtet!
Dein soll er seyn! Erwache! Tod zurück! —

Julie.

So grausam wird der Tod nicht seyn! —

Graf.

Ihr hattet
Ihn erst belogen, doch nun stellt er sich
Und fordert doppelt seine Schuld von Euch.
Des Menschen elend Rüstzeug, Stolz und Rache,
Wie steht ihr jetzt ohnmächtig vor dem Tod!
Wenn die verlaßnen armen Kinder weinen,
Und sich nicht finden können, sendet ihn
Der Vater, daß er sie zur Heimath führe.

Julie.

Sie sind beim Vater! Friede ihrem Bunde!

Marchese.

Todt? — Beide? —

Kastellan, still für sich betend.

Herr, vergieb uns unsre Schuld!

Leonhard.

Hört Ihr nicht mehr des Kindes bange Stimme?

Graf.

O laß sie schlafen!

Marchese.

Komm zu mir, Lenardo!

Leonhard (schaudernd.

Dort liegt mein Degen zwischen Euch und mir.
Ihr seyd voll Blut! —

Zum Grafen.

Nimm mich an Deine Brust!

Graf, ihn umschließend.

Ja! sey mein Kind! Was mir nicht ist gelungen,

Gelang dem Tod! Doch bin ich mir's
bewußt,
Daß ich auf Dich ein heilig Recht errungen! —

Der Vorhang fällt.

Anmerkung.

Der Mahler bereitet durch Studien sich zu seinen Arbeiten vor; auch ich habe zu diesem meinem Bilde manches treffliche Werk als Studien benutzt, und halte mich verpflichtet, den Lesern besonders von einem, das ich genannt, etwas näheres zu sagen, damit sie es nicht blos für ein Kind meiner Phantasie halten, sondern wissen mögen, daß es auch wirklich bestehe und auch für sie vorhanden sey.

Im siebenten Auftritt des dritten Aktes sagt Leonhard zu seinem Meister:

„Dein letztes Werk, das Dir den Preis errang,
„War Clytemnestras und Aegisthus Tod.
„Orest hat den verbrecherischen Busen,
„Der ihn gesäugt, schon mit dem Dolch durchbohrt;

„Die Mutter liegt im Hintergrund ermordet,
„Und mit dem Stahl von ihrem Blute triefend
„Hält über ihren Buhlen er Gericht.
„Ein herrlich Bild voll Wahrheit, Kraft und Leben,
„Doch sah ichs immer mit geheimem Graun,
„Denn Rachegeister blitzen durch das Bild
„Und jagen Todesschrecken vor sich her!“

Was ich den Jüngling hier nur aussprechen ließ, hab' ich selbst in der Werkstatt meines Freundes, des Professor Friedrich Mathäi zu Dresden, gesehen, denn dort stand ich wirklich vor jenem trefflichen Gemählde. Der Künstler hat es in glühender Jugend-Phantasie und Kraft noch in Italien gemahlt. Folgenden Umständen verdankt es seine Entstehung: Im Jahre 1803 gab die Akademie zu Florenz in ihrem Programm den nachbenannten Gegenstand zur Preisbewerbung in der Mahlerei auf.

„Orest und Pylades, nach Mycenä zurückgekehrt, begegnen am Eingange des Königlichen Pallastes der Electra. Um ihre Gesinnungen erst zu erforschen, zeigt ihr Pylades einen Aschenkrug, vorgebend, er überbringe ihr darin die Ueberreste ihres Bruders Orest. Indem nun Electra von Schmerz überwältigt die Hand nach der Urne ausstreckt, vermag Orest sich länger nicht zurückzuhalten, zeigt ihr den väterlichen Siegelring und giebt sich dadurch der Schwester zu erkennen."

Der junge deutsche Künstler Friedrich Mathäi wagte sich auch an die Aufgabe, und erhielt bei der öffentlichen Preisvertheilung aus den Händen der Königin von Etrurien selbst den ersten Preis. Das Bild blieb aber bei der Akademie in Florenz zurück, von welcher der Künstler späterhin zum Professor ernannt wurde.

Die glückliche Lösung der ebengenannten Preisaufgabe zu Florenz, veranlaßte ein Jahr später auch die Akademie zu Mailand, einen sich in geschichtlicher Hinsicht eng an die vorige Handlung anschließenden Moment, nehmlich: den Tod des Aegisth, nach Sophocles, gleichergestalt als Preisaufgabe für die Mahlerei anzukündigen. Der Mahler sollte jedoch das, als wirklich vorgehend, hier darstellen, was der Dichter nur, als bereits geschehen, dort erzählen läßt.

Mathäi beschloß, auch hier sich in den Kampfplatz zu stellen. Obgleich aber die Frist von einem ganzen Jahre dazu bewilligt war, so wurde dennoch sein Bild zur bestimmten Zeit nicht fertig, denn unvorhergesehene stöhrend eingreifende Verhältnisse zogen leider den Künstler von seiner Arbeit ab.

Und so hatte denn dieses Gemählde ein gleiches Schicksal mit dem Trauerspiele des verewigten Leisewitz, Julius von Tarent; sie erhielten beide den Preis nicht, nur weil sie zu spät vollendet wurden.

E. v. H.

Kolibri 360 GmbH
Ferdinand-Jühlke-Straße 7
99095 Erfurt, Deutschland
produktsicherheit@kolibri360.de